〔美〕安德鲁·杜安尼
〔美〕伊丽莎白·普雷特－兹伯格 著
〔美〕杰 夫·斯佩克
苏薇 左进 译

郊区国家

——蔓延的兴起与美国梦的衰落

U0222197

江苏凤凰科学技术出版社

序言

《郊区国家》的故事

十周年纪念版

《郊区国家——蔓延的兴起与美国梦的衰落》（以下简称《郊区国家》）在出版十周年之际，已经累计发行近 10 万册了，并即将推出十周年纪念版，值此之际，是应该讲讲这件事情的由来了。

自 Andres Duany 和 Elizabeth Plater-Zyberk 在 ARQ 建筑设计事务所工作时起，我就一直密切追随着他们的作品。他们设计的滨海新城（new town of Seaside），且不说其巨大的社会反响，单单作为一次设计的实践，就足以让我好奇与兴奋。我以前就读过的建筑学校的速写本上写着这样一句话："如果你对城市设计感兴趣，那就找到那些人。"于是，1988 年，我去听了 Andres 在波士顿美术馆的演讲，也就是他后来非常著名的演讲"城镇与蔓延"。当时我立刻意识到两点：第一，这是我听过的最棒的故事；第二，它应该成为一本书。

为什么说这是我听过的最棒的故事呢？因为多年以来，我虽然在内心一直认同这样的事物，却从未在大脑中了解过它。我知道自己喜欢像乔治敦（Georgetown）这样的古老地区、讨厌泰森角（Tyson's Corner）这种新建地区，但我从没有真正问过自己为什么。Andres 给出了答案，他还阐述了这些可爱与不可爱的场所是如何形成的。他发现，半数的美国景观已经被一些恶棍和时代进程所摧毁；值得注意的是，他同时也给我们展示了如何与这些恶棍斗争，如何改良那些进程，如何真正地收复失地。

那段时间，我刚刚出版了我的第一本书，并正在考虑搬到鹿特丹工作，和库哈斯一起写那本《S, M, L, X》。但那个计划最终未能成行，于是我开始在哈佛大学建筑学院求学。尽管当时我的教授对 DPZ 公司（Duany Plater-Zyberk）的态度已经从友好转向敌对，但我还是给 Andres 和 Lizz 写信，希望帮他们代写一本书，将他们的理念传递给更多读者,但一直没有收到回复。

我为这件事持续争取了四年没有丝毫进展,但却使我毕业后受聘进入 DPZ 公司工作。在迈阿密有了稳定的工作,我便开始追问写书的事,但那时候有太多其他事情要做。我要说服 Andres 和 Lizz 出一本书,又不能分散太多工作精力,而是要轻松地去完成,这就是我当时最大的挑战。

Andres 和 Lizz 一直在说服美国社区重新启用传统的城镇规划法规,他们为这些无休无止的工作所投注的耐心令我吃惊。我们看上去每个月都在重复相同的经历:出现在一个市或镇,与每个有意愿的市民和政府官员见面,一遍遍地阐明这里的街道太宽了、树木太少了、不同功能的用地相距太远了,阐述的同时经常还要遭受巨大的阻力。经过数周的面谈和数月的设计之后,最终我们往往会在某些地方——虽然远不及我们理想的数量——达成一个折中的方案,一个道路更窄、树木更多、更健康的混合功能的方案。次月,我们又会来到另一个社区,重新开始这一过程,去面对同样的阻力,好像之前所有的成果都不存在一样。有时我会在心里默默抱怨:之前说的你们都没听见吗?随后我意识到,我们已经离开麦迪逊了,现在是在圣达菲,谈话才刚刚开始。一切都需重来。

我的请求如同电影《土拨鼠之日》的剧情般每日重复上演,终于迫使 Andres 和 Lizz 在 1998 年有了终结它的渴望,他们同意让我撰写初稿了。这本书以 Andres 的演讲"城镇与蔓延"为核心内容,以他在 1992 开始的另一个演讲"城市规划的故事"为辅助内容,那是关于快速而松散的城市发展、关于规划行业辉煌的过去和耻辱的当下的基本真实的故事,最后一章"我们该做些什么"的内容源自 Lizz 的一篇有代表性见解的论文。这三个内容来源让我花了大约五年时间去阅读书后参考文献中列出的读物，其中大部分都可以在 DPZ 公司强大的图书馆里找到。

从文学角度看，本书最大的挑战是将 Andres 独特的语言直接转换成可出版的文字。他的演讲语言条理清晰且令人信服，有着超越其他英文表达的力量。我认为这是本书广受欢迎的一个重要因素，正如新都市主义运动的优势在很大程度上可以归功于 Andres 的魅力和幽默感。书中大部分笑话都不是我写的，而是来自他，至少那些好笑话是。

可以说，Andres 和 Lizz 在早期时候是由于不够自信因而不够出名，但本书出版后立即且持续的成功，让他俩惊讶不已。很多时候，人们领会不到自己的想法有多么的优秀。此外，我的合著者们早已熟知当今设计界的眼光有多么急功近利，直到这个似乎与时代脱节、迷失了方向的知识分子群体的出现。Andres 和 Lizz 已经看到他们的努力、他们的项目为实现大众性与可达性所做的斗争。无怪乎后来学术界发现，这才能满足真实世界的现实需求，我们的世界已经做好倾听与接纳的准备了。

如下面两篇文章所说，《郊区国家》出版后的十年间，发生了很多的变化。在专业领域和政策领域，它的很多倡导都赢得了胜利。就连思想上相对封闭的设计院校，也开始接受书中的积极思想，倡导当今的学生要重回社会接触相关工作。我们最近的一本书《精明增长手册》（The Smart Growth Manual），对本书中提出的很多问题给出实操性的阐释，为那些想把理论付诸实践的人们提供指南。

然而，仍有很多人需要被说服，尤其是（郊区）边缘地区。我们要面对的情况是：大多数美国人，他们或是很少思考城市规划问题，或是因为别无选择，因而依然沦陷在城市扩张之中。要让这艘大船转向将是我们下一个十年的任务。

——JEFF SPECK, WASHINGTON, D.C.

近期发展

《郊区国家》出版十年以来，美国对于建成环境的态度已经发生了巨大的转变。当然《郊区国家》并不能大功独揽，但很显然由于我们做对了一些事情，才使得它在货架上拥有持久的生命力。

可以预见，书中描述的问题在未来仍会存在，但任何可见的进展都会使人鼓舞。替代城市蔓延的办法不但清楚明了，而且案例比比皆是。曾经被掏空的市区，空荡荡的停车场如今被街道和高密度的街区取代，街区里有居住、办公、零售等多种功能。混合用途、交通、步行这些词汇再也不会招来嘲笑。相反，如果哪个城市缺乏公共交通，它会因此遭到公众的抱怨。科学数据标明，步行的益处已经构成城市日常生活的一部分，公民健康与建成环境设计之间的关系已经被紧密地绑定在一起了。

许多组织如雨后春笋般涌现出来，共同推动了这场改变。其中，新都市主义大会通过制定区划、邻里、街道、街区等设计规范，对许多城镇规划产生了影响。交通工程国家标准的制定同样发挥了重大影响。美国绿色建筑协会（U.S. Green Building Council）在邻里社区开发进程中，已不再停留于对单独建筑物评级，而是将整个社区纳入它新建的 LEED（Leadership in Energy and Environmental Design）评价体系[①]。美国精明增长协会通过对环境与城市议程的加强来推动城市紧凑发展。该协会主张街道与建筑需要适当的细节从而使高密度的环境更加适宜步行，这些主张最终催生了形态准则协会（Form-Based Codes Institute）下的具有影响力的宣传团体——欧洲城市委员会（The Council for European Urbanism），

---

① LEED（Leadership in Energy and Environmental Design）是一个评价绿色建筑的工具。宗旨是：在设计中有效减少环境和住户的负面影响。目的是：规范一个完整、准确的绿色建筑概念，防止建筑的滥绿色化。LEED 由美国绿色建筑协会建立并于 2003 年开始推行，在美国部分州和一些国家已被列为法定强制标准。——译者

该机构致力于传统建筑、建筑学与城市规划工作，并与澳大利亚、以色列、菲律宾和印度等国的其他姐妹组织共享原则和经验。

新都市主义的理念——这是一项持续更新、协同的工作——已经推进了其理论和技术，它引入了"城郊断面模型"（rural-to-urban transect）作为保护与发展的组织结构，并最终创造了"精明准则"（Smart Code），这是一个分区规划的法规模型，目前在许多国家用于其区域规划和当地法规的制定。被实证的技术手段日益增加，科学性的研究工作也爆炸般涌现，这些都扩大了公众的意识与参与性，并改变着全世界的政策法规。

过去十年间，《新城市新闻》（*New Urban News*）报道的美国与国外关于步行化社区的新规划或更新规划超过 600 项。每个项目都代表了对根深蒂固的管理机制和市场阻碍的胜利。这些场所的吸引力——其功能性和愉悦性——使这场运动愈加强劲。有些项目的价值理应得到更高的认可。位于英格兰多赛特的庞德伯里镇（Poundbury, in Dorset, England），或许是一个最好的城市宣传案例。其他疯狂的开发模式中那些丢失的元素，在这里完整地呈现出来，包括数量可观的工作场所，以及经济的住房。像那些知名的美国同伴一样，庞德伯里镇无可辩驳的告诉我们，城市可持续发展的终极准则：有爱的地方，才有永久的生命。

纵观过去十年的发展，这也许不算是自大的宣言：未来我们一定能够见证更加聪明、健康、高效和美丽的场所营造。

社会学家认为文化的变迁包括三个阶段：首先，社会营销（social market）[①]行为；继而，扫除束缚变革的既存壁垒；最终，制定新规则。《郊区国家》已经以我们的方式助力了这一变革的社会营销阶段，现在的美国已进入随后的障碍扫除阶段和规则重建阶段……这两个阶段都会很快到来。人们日益清楚地意识到，

① 社会营销（social market）的概念最早由 Gerald Zaltman 和 Kotler Philip 在 1971 年提出，是指在市场营销观念的基础上，强调要兼顾消费者、企业、社会三个方面的利益，要求企业在追求经济效益的同时，应兼顾社会效益，符合社会可持续发展的要求。——译者

人类必须适应气候变化、能源限制、经济波动，这种觉醒促进了变革的发酵也带来了变革的机遇。减少能源消耗和温室气体排放的发展模式，已是我们别无选择的选择。

历史证明，失去契机就可能失去认知。得之不易的技能，不用就会荒废。20世纪的第一个十年，诞生了马里蒙特（Mariemont）、森林山（Forest Hills）、珊瑚阁市（Coral Gables）等众多城镇规划的典范，随后经历了一段停滞时期，时间之长、时局之乱，导致二战后的美国在城市恢复建设之时，已完全丧失了对社区建设模式的掌握。我们被裹挟着进入了一个经济充满巨大不确定性的时代，我们必须痛定思痛，以免再次沦为一群愚蠢的规划工作者。为此，我希望《郊区国家》可以充当一块持久的知识电池，一份对当前亟待克服事件的记录，一个无时不在的警示，以免我们被困难磨灭了信念。

——ELIZABETH PLATER-ZYBERK, MIAMI, FLORIDA

远离过时

十多年前，伴随着《郊区国家》的初次问世，每个作者都担当了一种角色。Jeff 是一位轻松易处的承办者，此书的吸引力，首先归功于他亲切随和的语言。相当多的人告诉我，书中不断出现的惊喜促使他们一直读到最后。Lizz 是对文章清晰性的维护者，她无法容忍语言和信息上的含混不清。《郊区国家》简洁明了的语言，正是延续了她在迈阿密大学推行的教育理念，她教学生们学习"朴实而古老的优秀建筑"。这本书获得意想不到的欢迎，并成为（甚至高中的）指定读物，这些都证明了她理念的成功。

我自己在编辑过程中所贡献的，是一个简单的关于时效的策略。新的城镇设计项目多到一个世纪都做不完，这种情况下，为何要花那么大精力去写一些或许只有几年货架生命的文字？我意识到，一本书是仅仅关注当下，还是与现实保持持续关联，这之间的差别是很大的。我强烈地主张，我们的书应该属于后者。Jane Jacobs 写于半世纪前的《美国大城市的死与生》（*The Death and Life of Great American Cities*）是这一类型的楷模，当然也是我们难以企及的。正因理想难以达到，追求才格外激动人心。于是，我的写作开始着眼于那些超越当下、更先验的问题。城市主义这个宏大的课题已经在这方面提供了良好的基础。假如这本书全部由年轻的 Jeff 来写，肯定会比较潮，但在我的笔下，时髦的东西都被剔除了，如果因此受到大家责怪，这个责任要由我来承担。

本书出版后不久我发现，虽然我在不断检验它在技术上的时效性，却从未检验过它在政治上的生命力。单纯出于好奇心，我请我的两位朋友对此书做一下评价。他们的政治倾向一个左翼一个右翼。当写着评语的复印件被送回来时我们发现，有争议的内容在数量上几乎相同。记得当时我非常惊讶地发现，这么做其实多么没必要。因为第一版并没有带来什么恶劣的影响，所以这次的第二版可能只是做了些细小的完善，原始内容依然完整保留。看上去，出于不同的原因，在《郊区国家》的读者中，激进的环保主义者并不少于关注传统人居社区回归的保守人士。或许因为它不是仅仅将一堆观点统合起来，而是在最终给出了理论——为美国中产阶级建议了一种替代的社区模式，这种社区应当赢得比目前更多的肯定。大多数美国人的自利性与务实性，足以让他们意识到新城市主义的社区比蔓延模式下的社区更有价值，意识到这种改变不会带来坏处。只有不顾一切地捍卫选择权的极端自由主义者，他们不明白这样的社区在现行规划体制下是不被允许的，他们不明白本书其实是在建议将这些社区纳入规划体制选项之中。

但政策上的阻力仅仅是暂时的困难，最终的挑战是变得陈旧过时。关于这本书，我们现在应该提出一些重要问题，譬如"哪些事物已经被证实是错的"，再譬如"还有什么被遗漏的"。虽然我相当地肯定，在二十周年再版的时候我肯定无法重复这一说法，但是到目前为止，它还没有被否定或是落后于时代。事实上，时至今日这本书看起来没那么紧迫的原因，只是因为它的信息已经渗透到公众讨论中了。它已经被吸收到环境保护局、交通工程师协会、美国绿色建筑委员会、以及其他譬如 Lizz 提到的倡议中了。事实上，书中开出的许多药方现在已经被制度化为规范了。我承认，对我来说，这些并不能让我永远满意，因为我发现革新远远比政策落实更有趣。

十年前那一版中遗漏的一些问题，有的在当时还并不主流，但随后其重要性急剧提高。其中最首要的就是当地粮食生产问题，现在已经发展为"农业城市主义"（"农田就是新高尔夫！"）。还有郊区生活方式对健康带来的可怕影响，现在已有的研究已经足以成为一个完整的章节。此外还包括对水质问题的关注，虽然本书并不想对于尚不普遍的问题投入过多篇幅。

《郊区国家》最大的时代特色可能就是关于我们称之为"空气污染"问题的讨论，这已经被公认为气候变化的灾难。随着对这一问题理解的日益深刻，改变郊区蔓延的呼声也愈发紧迫，也使得本书更加靠近当前争论的中心。现在，我们可以毫不含糊地指责，正是美国中产阶级的生活方式，导致了世界环境问题：我们的居住面积宽大、占有过多土地；许多平常小事我们也要驱车完成；我们生产食品的方式；以及我们对汽车的过度依赖，这些生活方式带来数量惊人却并不必要的资源消耗，以及作为代价而来的社会隔离。换句话说，我们所面临可怕危机的根源，正是我们美好的郊区生活方式，我们必须马上采取行动。

时至今日，很多愚蠢的设计顾问仍在欧洲、中东、拉丁美洲和亚洲地区强行推广着蔓延的模式，这使本书显得尤为重要。这次是本书的中文版再版，我们希望它能多次再版。

——ANDRES DUANY, MIAMI, FLORIDA

前言

你又一次深陷交通拥塞之中了。

当你驾车在三年前刚刚拓宽的公路上缓慢爬行时，一个可怕的广告牌映入你的眼帘：新型住宅，即将到来！推土机正在把这里的松树连根拔起，一层浅浅的烂泥渗露在路面上。怎么会这样？多年以来，你目睹了大片的森林和农田被层层屋顶代替，但眼前这一百亩（约0.4平方千米）土地却由于其富裕主人的一念之仁而得以保全。而今，据说那位老主人已经过世，他的子女便将这块土地出让套现，就这样，它也沦为城市不断生长的重压之下的牺牲品。

孩童时代的你曾经在这一百亩（约0.4平方千米）的土地上徒步旅行、玩雪橇，而今它却被规划为独立住宅（single-family house）用地。那些房屋还在打地基的时候就开始交易买卖了。由于市场对这种新型的独立住宅有着如此强烈的需求，因此开发商们是绝不会就此罢手的。这些新住宅的预期买家，也就是你未来的邻居们，都将是受人尊敬的专业人士，有着和你相似的家庭，他们会很快成为你的朋友、亲戚或是同事。欢迎他们来到这块土地上定居吧，欢迎他们来分享你的郊区梦——这是你宁死也不愿接受的。

现在，我们国家城市的生长等同于社会的安宁与福利，经济的健康程度也是用"新宅动工量"来衡量的。既然如此，为什么这些将要建在你家周边的新独立住宅却让你感受到威胁？这种生长方式到底出了什么问题？怎么一想到新的开发就让人反胃？

你感到不安不仅因为留恋儿时玩雪橇的那座小山丘，还因为数十年来的亲身感受告诉你：令你心生厌恶的真正根源是即将在此修建的新住宅。这将是一派城市生长的景象：饼干模子一样的房屋，没有树木和人行道的宽阔马路，莫名其妙弯曲走向的尽端路，车库大门构成的街景——那些车库大门使用浅褐色乙烯基材料，拙劣地模仿电影"反斗小宝贝"里的样子。说不定还有更糟的呢，那些麦式豪宅（McMansion）①门口修建着虚张声势却千篇一律的门房。你在那永远也不会受到欢迎，事实上你也根本没兴趣去欣赏那些单调乏味的房子。与此同时，越来越多的汽车使得原本就很拥挤的上下班交通更加拥堵不堪。未来的居民们将来这里寻求他们的美国梦，而你的美国梦就这样破灭了。

你确信这种城市生长只能使你的生活变得更糟糕，所以你反对它。你的想法没错。在过去的五十年里，我们美国人一直在建设的国家景观（national landscape）严重缺乏值得关注的场所。土地的细分缺少灵魂，所谓的居住"社区"中却根本没有社区生活；带状的购物中心②，"大盒子"样的连锁店，那些超大型的购物中心明明淹没在枯燥乏味的停车海洋之中却人为地造出一派欢乐气氛；办公园区极度整洁却又单调无奇，一过晚上六点就成了空荡荡的死城；堵了一英里又一英里的集散道路是唯一能将我们散了架的生活绑在一起的建筑物——这些就是所谓的生长，我们简直找不出任何理由来支持它继续存在下去。你在繁忙的日常生活之余都在与之斗争，曾经是"良好市民"的你而今却变成了"邻避"③族（不要动我家的后院），抑或被专业规划者轻蔑地称为"香蕉人"④（绝不许在靠近其任何地方建设任何东西）。如此一来，你便更难保持理性，更难论礼貌了。恶性

---

① 麦式豪宅（McMansion）指在美国兴起的造型风格独特的新型住宅，房屋的大小像公寓，但其文化方面却像麦当劳快餐店，普通得到处都有。——译者

② 带状的购物中心（strip center）是在管理上作为一个统一零售实体的商店或服务商群体。通常在商店的门前有停车泊位。开放的天棚可将店面连接起来。——译者

③ "邻避"（nimby）是 Not In My Backyard 的缩写。——译者

④ "香蕉人"（banana）是 Build Absolutely Nothing Anywhere Near Anything 的缩写。——译者

生长令人无法忍受，但停止生长也不是长久之计，如果还能有第三种选择，让我们扮演一个更具建设性的角色，那就真是再好不过了。

第三种选择显然应该是良性生长，但真的有这种生长吗？人工建造的地方有可能和它取代的自然造化相媲美吗？你觉得家乡的主街①（main street）好不好？查尔斯顿（Charleston）呢？还有旧金山（San Francisco）？这些为数不多的例子证明，人类有能力建造出和大自然一样赏心悦目的美妙场所与环境。它们是城市生长的典范，与那些现在让你感到威胁的蔓延相比，它们采用了完全不同的方式进行生长。

但现在的问题是，我们很难再建出像查尔斯顿那样的城市了，因为那样会触犯法律。同样的，波士顿比根山（Beacon Hill）、南塔基特（Nantucket）、圣达斐（Santa Fe）、卡麦尔（Carmel）——这些著名的地方很多已经是旅游胜地了，但是它们都违反了现行的土地区划法规。即使在经典的美式主街上，街道两侧的多功能建筑也由于紧贴人行道而被大多数市政当局视为违章建筑。人们在传统小镇的街边所做的一系列细小而善意的改造，在美国反倒成了一种罪过。与此同时，作为美国经济最大组成部分之一的住宅产业，却在无序蔓延的基础上建立起一套综合而复杂的土地开发实践体系，这些实践方法已经深入骨髓以致成了一种习性。要想让良性生长成为一种切实可行的选择，首先必须战胜这种土地开发实践的行为以及助长这种行为的政策、法规。

这是一项让人望而生畏的任务，但它并非无法完成。北美的一些城镇，正在富有改革精神的"邻避"人带动下，着手修改当地的土地区划法规，同时要求房地产开发商们发挥出更高的水平，这一进程虽然缓慢但却在坚定地推进着。一些开创性项目的成功鼓舞着住宅建筑商们开始尝试一种新的开发模式，使项目所在的城镇能

---

① 主街（main street）在美国和加拿大的许多城市都有，当地的华人多半把它译为"缅因街"，也可理解为"平民街市""市井街巷"或"大众商街"等含义。——译者

够遵循美国最成功的传统邻里社区的方式来生长。现在的问题并不是探讨这种生长方式是否可行，而是它能否及时地拯救濒临郊区化的乡村、小镇和老城。

美国未来的社区会生长成什么样子？是毫无地方特色的土地细分、带状购物中心和办公园区的集合体，还是拥有真正意义的邻里社区的城镇？结果取决于市民们能否理解这二者的区别，能否坚决维护城市健康生长的主张。这正是我们撰写此书的目的。这本书是我们以设计师和普通市民的双重身份，对美国过去 20 年建设经验的总结。

1979 年，Robert Davis 首次邀请我们设计佛罗里达州的滨海新城（Seaside, Florida），从那时起，我们便全身心地投入到从科德角（Cape Cod）至洛杉矶（Los Angeles）沿途的村庄、小镇和城市的创造与振兴事业之中。每到一处，我们都会观察和研究当地城市和郊区的生活：在市区漫步，在郊区开车巡游，在居民家里用餐，在大学礼堂、公司会议室以及中学餐厅里发表演讲。最重要的是，我们曾同当地居民交谈，并乐于听取他们的意见。几乎无一例外，我们所听到的、当地居民倍加关注的同一个信息是：美国梦似乎再也无法实现了。我们的生活不该是现在这个样子，经济和技术的进步似乎并没有成功创造出优质的社会生活。从某种意义上说，生活标准的提高并没有带来生活质量的改善。

从市长到市民，他们都在表达着一个共同观点：物质环境的品质会直接影响个体家庭、甚至整个社区的健康。对于大多数美国人来说，无论是从汽车、大型购物中心等生活的便利性方面来看，都不令人满意，特别是在众多的中产阶级居住的郊区地带尤 为突出。那里的景观无序蔓延而且千篇一律，让人过目即忘，显然，这些华而不实的仿制品取代了当初开发商所承诺的郊区生活。在建筑版的《异形入侵》中，我们的主街和邻里社区被那些形同实异的外来入侵者取代了。人们曾经有大量时间用来享受多彩的社区生活，而现在这些时间却越来越多地消耗在上下班孤独的驾车途中。由于缺乏促进公众交流的物质结构，我们的家庭和公共机构都在这种城市边缘区的环境中苦苦地挣扎求生。同样令人悲哀的是，郊区的生长正在使内城逐渐丧失活力，那里生活着没有车的社会底层人士，他们所能得到的社会资源和工作机会也在逐渐消失。

事情也不是非要如此。在经历了许多成功与失败之后，特别是经历了与全国各地居民的长期合作后，我们比以往更加坚定地认为：好的设计能够解决那些不科学的设计所导致的问题，更确切地说是解决那些由于缺乏设计而导致的城市生长问题。

当今，无论我们住在城市还是郊区，该居住地的形式和特性都不是我们可以选择的，而是根据联邦政府的政策、地方土地区划法规以及交通工具的需要而强加给我们的。如果这种影响的关系可以颠倒过来——这是完全可能的——那么，一种服务于个人的真正需求、有益于社区形成和景观保护的环境就会应运而生。有一点我们无须惊奇：这种环境将非常类似于美国老的邻里社区被"蔓延"破坏之前的样子。

从历史上看，美国每隔 50～60 年就会重建一次，所以现在开始还为时不晚。选择权就在我们自己手里：是建设一个建筑模式大同小异的、彼此孤立而且经常筑墙为界的独立王国，还是建设一些拥有多样性、令人难忘的邻里社区，并由这些社区组成彼此依托的小镇、城市与地区呢？本书是一本旨在通过设计手段来清理我们自己所造成的混乱，进而再次创造出人性化的居住场所的入门指南。

目录

第一章
什么是蔓延，为何会蔓延？

城市生长的两种方式　蔓延的五个组成部分

郊区蔓延的简史　弗吉尼亚的海滩为何不同于亚历山大

邻里社区规划与蔓延规划的对比

城市将会成为乡村的一部分；我将住在距离办公室 30 英里（约 48.3 千米）的地方，门前只有一棵松树；我的秘书则住在距离办公室另一个方向 30 英里远的地方，门前也只有一棵松树；我们都会有自己的汽车。

我们将周而复始地往返于住所和办公室之间，汽车轮胎磨损殆尽，路面与排挡损耗严重，机油与汽油迅速地消耗。这一切将占用我们大量的精力……简直让人精疲力竭。

Le Corbusier，《光明城市》（1967）

城市生长的两种方式

本书就两种不同的城市生长方式进行研究：传统的邻里社区式和郊区蔓延式。二者在形态、功能和特征等方面都呈现出两极化：它们看上去不同，功能不同，并且以不同的方式影响着我们的生活。

　　一直到第二次世界大战时期，从圣·奥古斯汀（St.Augustine）到西雅图（Seattle），欧洲人在北美大陆的主要定居模式始终是传统的邻里社区式。自有史料记载以来，这种定居模式在美国以外的其他国家和地区一直居于主导地位。传统的邻里社区无论人口多少，都具有混合用途、对行人关怀等特点，它们或是独立成村，或是组合成镇或市。事实证明，这是一种可持续发展的城市生长模式，它能使我们在北美大陆安居乐业的同时，不会让政府破产，更不会毁坏田野乡村。

　　但目前北美城市生长的标准方式是郊区蔓延式。这种方式忽视了历史上的成功先例和人们的经验，而是由建筑师、工程师和规划师凭空构想出来的，在第二次世界大战之后，又由房地产开发商借着"扫除旧事物"的运动大肆推广开来。郊区蔓延式是一种理想化的人工系统，全然不同于传统邻里社区那种为了满足人们的需要而进行有机进化的方式，当然，它也并非一无是处：它理性、稳定且综合。它的实现形式具有很大的可预见性。它是为了解决现代问题而产生的：一个基于生存的系统。但遗憾的是，这个系统正在显示出它的不可持续性。蔓延式不同于传统的邻里社区式，它是不健康的、甚至是自我毁灭的生长方式。即使在人口密度相对较低的地区，蔓延也使财政部门的收支情况入不敷出，同时，土地以惊人的速度被消耗，大量的交通问题涌现出来，社会的不平等与分化隔离现象愈加突出。所有这些恶果都是我们始料未及的。不仅如此，蔓延之下，那些向美国城镇收取

传统的邻里社区式：以自然的方式生成，对步行者充满关怀且功能多样。日常生活所需都在步行可达的范围之内。

郊区蔓延式：它是一项发明物，一个将土地细分为用途单一的、彼此独立的小地块的抽象系统。日常生活所需都在车行可达的范围之内。

路桥费的收费站也在缓慢地向乡村延伸。由于环状的郊区地带在城市外围生长，市中心的生长反而被忽略了，虽然我们还在坚持不懈地努力振兴城市里已经支离破碎的邻里社区和商业区，但郊区内环地带却已处在危机之中：这里的居民和商业正在向新开发的位于郊区边缘地带的居住区流失。[1]

蔓延的五个组成部分

你也许会问：蔓延如果真的具有破坏性，为什么还能一直存在呢？回答这个问题，就要从蔓延那充满诱惑力的简易性说起。蔓延其实是由几个性质相似的要素构成——总共只有五个——而且它们可以随便以任何方式排列。由于这些组成要素通常是独立出现的，因此我们不妨对它们分别进行研究。尽管不同的要素有可能彼此相连，但蔓延的主导特征却严格地规定：不同要素必须彼此隔离。

土地细分住宅区

土地细分住宅区（housing subdivisions），也可以称为集合式住宅区，（clusters）或密集式住宅区（pods），其用地只有居住功能。但是房地产开发商有时会用村庄、小镇或是邻里社区这样的名字来误导人们，似乎这里不仅有居住功能，还能为居民提供丰富多彩的生活体验。这些小区有精心策划出来的浪漫名称，比如"雉鸟磨坊口"（Pheasant Mill Crossing），从中也反映出这些土地细分的住宅小区对于它们所取代的自然和历史资源的赞颂。[2]

---

① Bill Morrish 和 Catherine Brown 在明尼苏达大学的美国城市景观设计中心工作时，曾经通过大量的研究成果证明，城市"内环"（inner ring）这一边缘地区正在衰落。洛杉矶一位名叫 Mike Davis 的记者在其《石英之城：在洛杉矶发掘未来》（*City of Quartz: Excavating the Future in Los Angeles*）一书中对该演化现象进行了描述。

② 在蔓延的各组成部分中，并非只有土地细分住宅小区拥有这些荒谬可笑的名字，我们还发现了一个滑稽的例子：一个位于亚特兰大市的新区，名字叫作"边界中心"，这个名字恰好概括了郊区景观的内在含糊性。

购物中心

也可以叫作带状购物中心（strip centers）、大型购物城（shopping malls）或是大盒子零售店（big-box retail），其用地只有购物的功能。从小规模的街角快客便利店，到大规模的美式大型购物城，它们所处的地点都是人们难以步行到达的。购物中心的普遍特征是：周边没有住宅和办公场所且是单层建筑，大片停车场位于建筑物与道路之间。这些特征使得这种购物中心明显不同于传统的主街式购物中心。

土地细分住宅区：大片的住宅与停车场。　　带状购物中心：商店与停车场。

办公园区和商务园区

其用地仅提供工作的场所。当代的办公园区通常由建造在停车场上的若干方盒子建筑构成，这乃是源于现代主义的"建筑应各自独立"的建筑观。它们一直保留着理想化的名字和与外隔绝的效果，所以仍然被认为是在自然界中辟出来的一块田园式的工作场所。但事实上，环绕在这些园区周围的并非乡村田园，而是公路。

公共机构

郊区蔓延的第四个构成要素是公共建筑：市政厅、教堂、学校以及其他一些能够供人们聚集起来进行文化交流沟通的场所。在传统的邻里社区，这些建筑与场地都处于社区的中心位置，但是在郊区蔓延模式下，它们的形态发生了变化：这些建筑物占地广、间距大，由于资金的限制而少有装饰，陷在停车场的包围之中，所处的地方没有一点特别之处。

在右下图中，我们可以看出学校的建筑形式在过去 30 年里发生了多么戏剧性的转变。只要比较一下学校停车场和教学楼的尺度，就能看出：孩子们是不可能依靠步行到学校上课的。通往学校的路上通常没有人行道，而学校周边住宅区的分布过于松散又使得校车接送的方式难以实现，可见，这些郊区中新型的学校，都是在大规模采用汽车交通方式的假设基础上设计的。

企业园区：办公楼与停车场。

公立高中：教学楼与停车场。

道路

将前面四个各自孤立的要素连接在一起的冗长道路是郊区蔓延的第五个构成要素。郊区的各构成要素都只能服务于一种特定的功能，但人们在日常生活中需要进行各种不同的活动，于是，郊区的居民们就必须花费大量的时间与金钱，驾车往返于不同地点之间。而大多数车辆的出行都是一车一人的状态，因此，即使是人口稀少的地区，其交通量却相当于比之规模大很多的传统小镇。

右页上图中的佛罗里达州棕榈滩郡（Palm Beach County, Florida），清晰地显示出，由于郊区各构成要素的彼此孤立而导致的交通负荷。服务于单位建筑面积(私人设施）的道路面积（公共设施）非常大，因此道路的使用效率是很低的，而在华盛顿（Washington, D.C.）这样的老城里（右页下图），任何一条道路的使用效率都高于上述道路。地下设施也存在同样的经济问题：低密度的土地使用模式要求铺设更长的管线来为居民提供市政服务。这种公共与私人支出的高比值关系，使市政府的经济入不敷出，因为新开发的社区是难以依靠正当水平的税收做到自给自足的。

现代城市：低密度建设，对汽车的依赖程
度尚。

传统城市：高密度建设，对汽车的依赖程
度低。

郊区蔓延的简史

郊区蔓延是怎么产生的呢？它既不是进化的必然产物，也不是历史的偶然事件，而是在一些强力推行"城市疏散"的政策共同谋划之下的产物。其间发挥了关键作用的是联邦住房管理局和退伍军人管理局的贷款政策。在第二次世界大战结束后的若干年里，这两个机构向超过 1100 万套新住房提供了抵押贷款，该贷款按月支付利息和部分本金，低于租房通常所需的月租金，但该贷款只适用于购买郊区新建的独立住宅[①]。不知这两个机构是否出于有意，它们不鼓励人们翻新改造现有的旧房子，也拒绝为联排住宅、多用途建筑以及城市住宅提供资金支持。与此同时，联邦政府和州政府补贴修建了 4.1 万英里（约 6.6 万千米）的州际公路，却忽视公共交通系统的发展，这些政策都促使汽车成为普通市民能够承受的便利交通工具[②]。在这种新型经济架构下，年轻的家庭纷纷从经济角度做出十分理性的选择：迁往莱维敦[③]（Levittown）这样的地方去。人们逐渐离开历史悠久的城市邻里社区，朝着离城市越来越远的周边地带迁移。

[①] Kenneth Jackson，《马唐草边疆》（*Crabgrass Frontier*），205 ~ 208 页。"很简单，买房子通常比租房子便宜。"（205 页）有趣的是，Jackson 指出："这项立法的主要目的是……减少失业。1934 年的失业人口占总劳动人口的 1/4，这一现象在建筑产业尤其突出。"（203 页）

[②] 出处同上，249 页。1956 年的州际公路法案共规划道路 4.1 万英里（约 6.6 万千米），按照初始费用 260 亿美元计算，其费用的 90% 由联邦政府承担（249 ~ 250 页）。"威斯康新州参议员 Gaylord Nelson 指出，战后政府在交通运输方面的支出，有 75% 用于兴建公路，而用于城市公共交通系统的资金只有 1%"（250 页）。此外，"政府用于支持私人汽车的资金相当于用于公共交通系统资金的 7 倍。"（Jane Holtz Kay，"Stuck in Gear" D1 页）华盛顿政府"重公路轻铁路"的态度，很大程度上是由于汽车制造商们强有力的游说，至今仍是如此。从历史上看，无论政府支持与否，汽车制造商们永远是唯利是图的。最臭名昭著的一个例子当属影片《谁陷害了兔子罗杰》（*Who Framed Roger Rabbit？*）中所描述的情形，Jim Kunstler 将其形容为"一场系统的、旨在消除全美街道电车的运动"，由汽车及轮胎制造商、石油公司组成的联合企业在全国范围内收购并拆毁的电车系统数目过百。通用汽车公司最终以"阴谋罪"遭到起诉，并被处以 5 千美元的罚款 [James Howard Kunstler，《荒域地理》（*The Geography of Nowhere*），91 ~ 92 页]。

[③] 莱维敦（Levittown）是美国纽约州东南部的一个非社团的社区，位于米尼奥拉东南偏东长岛西部。始建于 1947 年，当时曾为第二次世界大战的退伍军人提供低价住房。——译者

商家虽然还留在城市里，但这只是个暂时现象罢了。他们不久就会意识到客人们都已迁往别处了，于是他们也只好跟着搬走。但是和二战以前的美国郊区不同的是，新的土地细分住宅区的资金筹备都只关注于住宅建筑本身，而忽略了在小区内给街角便利店预留位置。这样一来，商业设施建设不仅需要另外立项、自己寻求贷款途径，还需要另找地块来建设。结果，商店被安置在连接住宅区的那些宽阔的城市道路两旁，作为对环境的回应，道路两侧的这些商店纷纷向后退让，并成为庞大而独立的标志性建筑，无处不在的带状购物中心就这样诞生了。

以前，人们大都在市区工作，工人们从郊区来到市区上班，市内的商务区生机勃勃。但是，和商店一样，这种情形也未能持续下去。到了 1970 年，很多公司已经把办公地点搬迁到靠近职工居住的地方——确切地说，更靠近 CEO 们居住的地方，William Whyte 曾经巧妙地用图解法表示出这一特点[①]。公司 CEO 们渴望缩短上下班路程，再加上郊区的低税政策，就促使了商务园区的发展。这样一来，生活中的各组成部分都从城市迁移到郊区了。人们的工作、生活主要往返于郊区与郊区之间，于是许多中心城市开始显得无足轻重了。

政府的住宅和公路建设都在倡导郊区蔓延，那些推崇土地分区的规划专家们也极力地想把"土地分区制"上升为法律。为什么全国的规划师们都那么笃信，这种把日常生活不同内容都分割开来的"土地分区制"是行之有效的方法呢？这就要追溯到规划专家们在 19 世纪所取得的第一次成功了。那时，欧洲工业化城市的上空都笼罩着 Blake 诗中描述的"黑暗而邪恶的钢铁厂"冒出的烟雾。城市规划者们明智地倡导将这些制造烟害的工厂与住宅区分开，并取得了很好的效果。

---

① William Whyte，《城市：中心的再发现》(*City: Rediscovering the Center*)，288 页。Whyte 指出："为满足员工对更好的生活品质的期望，有 38 家公司从纽约市迁出，其中有 31 家在格林尼治——史丹佛地区落户。……新公司的地点距离 CEO 住所的平均距离为 8 英里（约 12.88 千米）。"其后的 11 年间，从选择留在市区的公司中随机选出 36 家，与迁出的这 38 家公司就股票升值情况进行对比，前者比后者的 2 倍还要多，Whyte 在文中也对其原因进行了探讨。（294～295 页）

19世纪中期，像伦敦、巴黎和巴塞罗那这样的城市几乎已经不适合人类居住了，但经过数十年的城市改造之后，它们却成了国家珍品。人们对生活质量的期盼显著提高，而功不可没的规划师们自然被尊为英雄。

以美国的城市美化运动为代表的"跨世纪规划"的成功，标志着一个新兴职业的诞生。从那时起，规划师们为了再现昔日荣耀，便乐此不疲地想把所有东西都彼此分割开来。规划中的分离手法，原本只是用于分开彼此性质不相容的地方，而现在却被当成了万能药。

一个典型的现行土地区划法规中包括数十种用地类型；不仅居住区与工业区要分开，而且低密度住宅区与中密度住宅区要分开，中密度住宅区与高密度住宅区也已经分开了，医疗办公区不能靠近普通办公区，餐馆也不能靠近商店。①

其结果是，美国的新城就像是还没着手烹制的蛋饼：鸡蛋、奶酪、蔬菜、一小撮盐，所有东西一应俱全，但一个一个地吃下去，全都是生的。也许最具有讽刺意味的是：其实现在就连工业区都无须再被隔离了。由于生产流程的改进和污染控制的提高，很多现代的工业生产设施都可以成为很安全的邻居，混合而多用途的土地利用再一次变得合理了，就像工业时代到来前那样。

规划师们热衷单一用途的土地分区，而政府则全情投入到住宅和公路建设之中，这些现象的背后还有另一个更微妙的时代特质作为支撑，那就是二战期间从海外学来的管理方式的广泛应用。大批的专业人士 John Byrne 在其书中将他们称为"神童"——带着一套全新的方法从战场归来，准备完成一项规模宏大的任务。

---

① 这种对住宅类型严格划分的背后其实暗藏着更大的蔓延阴谋，那就是经济歧视，有时是单纯的种族歧视。用 F.J.Popper 的话说："土地分区的根本目的就是把他们限制在他们该待的地方——外面。如果他们已经进来了，那就把他们局限在一定的区域之内。这里所说的'他们'的具体身份地位在全美因地域不同而有所差异，黑人、拉丁人和穷人都包括在内。在很多地方，天主教徒、犹太人和东方人也是被歧视的对象。"（Peter Hall, *Cities of tomorrow*, 60 页）。Robert Fishman 和其他一些人很好地记录了中产阶级在中心城市慢慢消失，种族主义要承担多么巨大的责任；他们还记录了土地区划法如何清楚地表明：远离那些别人遗留下来的东西的要求。

该方法的核心内容只有两步：分类和计算。这一方法在军需品制造和部队调配领域的运用非常成功，于是"神童"们每到一处便如法炮制，无论工业、教育还是管理，几乎所有领域都用上了这种方法。在城市建设领域，他们打出"旧的不去，新的不来"的口号，贬低人类复杂的传统定居方式，而代之以一种通过系统分析和流线图就能理解的理性模式。到了1930年，一种以数字为基础的专业技术取代了过去那种建立在历史、文化和美学基础之上的以人为本的城镇规划。于是，美国城市被分解成了简单的类别和大量的蔓延区域。

　　由于上述观念一直处于主导地位，因此蔓延现象不但没有得到抑制，反而得到了持续发展。以现在的蔓延速度来计算，仅仅一个加利福尼亚州（California），每年生长蔓延出来的面积就相当于整个帕萨迪那市（Pasadena），十年后就会相当于整个马萨诸塞州（Massachusetts）的大小[1]。我们每年的开发建设量相当于几个城市的规模，但是建出来的东西却无法打动人心，也没有长期保留的价值。新建的那些居住区看上去根本不像适合人居住的地方，其功能也无法满足人们日常生活的需求，最重要的是，在这里根本找不到家的感觉。它就像是把各种标准化的、单一用途的土地单元极不协调地纠集到一起，这里极少有行人走动，亦缺少市民的认同感，它们彼此联结的纽带只有赋税重重的路网系统。最令人遗憾的是，同样是这些元素——住宅、商店、办公楼、公共建筑以及道路——其实完全可以组合成新的邻里社区和城市；那些非自治郡中数量庞大的居民们，完全可以成为真正的城镇公民，并享受高品质的生活，参与社区的公共活动。

---

[1] 引自1944年5月21日Nelson Rising在洛杉矶举办的新城市主义第二次会议上所提供的数据。1970–1990年间，洛杉矶人口增加了45%，而城市面积却增加了300%（Christopher Leinberger, Robert .Charles Lesser& Co. 的原始研究）。根据时事通讯《人口与环境的年衡》（Population Environment Balance）的记录，美国每年铺筑的土地面积相当于德拉威尔州的大小。平均每天就有7000亩（约28平方千米）森林、农场和乡村土地被蔓延吞噬，从1970年至今，吞噬的土地面积总计超过5万平方英里（约13万平方千米）。威尔·罗杰斯，"美国公共土地托管会"（The Trustfor Public Land）致会员信。

弗吉尼亚的海滩为何不同于亚历山大

很多人宁愿相信这可怕的蔓延只是一场偶然的意外。如果你想以这种念头逃避现实，那么这幅照片下面的文字说明一定会让你大吃一惊："闪亮登场——庆祝弗吉尼亚海滩大道（Virginia Beach Boulevard）一期工程竣工……"。这个"城市中心"被视为该市的骄傲，因为它是一个独特视角上的成功之作：11车道的宽阔路面，充足的停车场地！

这幅照片反映出的是现代工程开发实践的相关规章制度导致的直接结果。该环境中每个细节的设计都是依照技术手册进行的。人们只要读一读这些手册就会立刻明白：把它们组织、编撰起来并强制实施的根本目的只有一个：一切为汽车交通服务。弗吉尼亚海滩的开车族们确实应该开心了：同时排队等红灯的汽车不会超过8辆，交叉口处超大的转弯半径使得司机们几乎不用踩刹车就能转过弯。停车场的容量按照圣诞节前的最后一个星期六的车流量来设计，所以平日里空空荡荡的也就不足为奇了。这样的超额式设计是很有必要的：任何有在郊区购物经验的人都知道，找不到停车位会使整个购物计划泡汤。因此，典型的郊区建筑设计规范中通常有10～20页之多是关于停车场设计的，每一块用地又分别有不同的设计要求。对于零售业用地而言，停车场面积往往超过可租赁的营业面积。

也许你很惊讶，这样的环境也是在美学原则的指导下建成的。20世纪60年代，约翰逊总统夫人发起了"美化运动"和"新兴环境运动"，开始为树木和标志牌的设计制定相关法规。我们可以看到，现在停车场里面还保留的很多树木也没有

一个现代的城镇中心：尊崇郊区土地分区法规的典范。

大型的标志牌。这些法规条例确保了居住区的整齐、洁净，和老城区日渐凋零的居住区比起来，确实赏心悦目得多。事实上，很多蔓延的地区——主要是那些富裕地区——在美学方面还是比较出色的。这就使我们得出一个基本观点：郊区的真正问题不在于美丑，而是尽管有很多规章制度在控制，却并不实用——它既不能有效地服务社会，又不能保护环境。

在同一幅照片中，我们还可以找到这种机能障碍的其他表现：一条狭长的水泥人行道夹在公路与停车场之间。我敢肯定地说：在这条人行道建成后的若干年里，除了穷人和汽车出现了严重故障的人之外，再没有别人在上面行走过。因为有一次我们走在位于奥兰多（Orlando）的迪士尼世界附近的人行道上时，有辆小型客车拦住我们问："你们没事吧？"，然后迅速地把我们接上了车。原来，这是一辆专门帮助迷路行人的保安巡逻车。

无人涉足的人行道是郊区建设的败笔，真实地体现出蔓延的罪恶之处。要想在这种环境下生存，先决条件就是拥有汽车。对那些不会开车、买不起车或是想尽量少开车的人们而言，弗吉尼亚海滩永远不会成为安居乐业的好地方。[①] 即使

弗吉尼亚州的亚历山大：一个高效、可爱却违反现行法律的城市。

---

① 毋庸置疑，汽车是为有车人士带来自由的美好工具。人们的确很难抵挡那200马力、2吨重的钢铁巨物疾驰时带来的感官刺激。直到写这本书的时候，我们三位作者都还没有放弃自己的汽车。但我们并没有因此而忽视这样一个现象：汽车曾是为人服务的，而今却主宰着人们的生活。汽车是带给人自由的工具，还是决定人们生存的工具，这二者有着本质的不同。汽车的问题并不在于它本身，而是在于它诱导产生了一种依赖汽车的环境。

是那些喜欢开车的人，也必须面对这样的现实——蔓延有着与生俱来的不公正性，它是由汽车的行为决定尺度超常的环境。人们必须筹集足够的社会公共资金，来建设大规模的基础设施以满足蔓延所需。不健康的郊区生长所带来的各项支出——路面、管道、巡逻、急救车等——全部由纳税人来承担。就算这些纳税人不开车，也不住在蔓延区，而是住在中心城市和老的邻里社区这些更高效的环境里，他们也得为蔓延掏钱。①

离弗吉尼亚海滩不远的亚历山大市（Alexandria），则是传统邻里社区模式的优秀典范。这座古老的城市是由 17 岁的乔治·华盛顿（George Washington）与其他人一起设计的。建设该城所遵循的六项基本原则与蔓延模式有着天壤之别。

1. 中心

每个邻里社区都有一个明确的中心，它是商业活动、文化活动和政府活动的主要场所。这个中心就是亚历山大市的中心商业区，无论当地人还是游客，都把它看作是可以参观并参与文化活动的独特场所。

2. 五分钟步行距离

当地居民步行到达日常生活所必需的场所——例如生活、工作和购物——通常都不超过五分钟。市中心的建筑物很多是同时具备这三种功能的。日常生活的一切所需都近得触手可及，所以当地居民很少开车，不得不开车的情况则根本没有。

3. 道路网络

道路布局采取连续的网络形式，任意两个地点都由很多纵横交错的大街小巷连接在一起。相邻道路之间的街区面宽也相对较小，街区周长基本不超过 0.25 英里（约 402 米）。我们回想一下郊区的道路情况：步行空间匮乏，汽车都挤在为

---

① 郊区生长的费用是由联邦政府、州政府和地方政府向全体市民（无论住在哪里）统一征收税款来支付的。即使在地方层面上，市政府和县政府也会在自己的司法管辖权力范围内，把中心老城区的经济资源分配给新开发的城市边缘地区。事实不断地证明，绝大多数新兴郊区的生长都需要老城区税收的大量补贴，而且通常都是在老城区不情愿的情况下进行的。

数不多的几条干道上面。 而这里的情况正好相反：传统的道路网络为行人和驾车人士提供了更多的选择，不仅增添情趣，而且提高效率。住在亚历山大的人们可以随时调整自己的上下班路线，方便快捷地把孩子送到幼儿园，去洗衣店取衣服，或是去咖啡馆；如果她需要开车的话，则可以在任何一个交叉口改变路线，以避开繁忙的交通。

4. 狭窄而多功能的街道

因为那么多的街道都可以分流交通，所以每条街都不必修得太宽。图片显示的这些道路中，只有一条道路的宽度超过了双车道。狭窄的路面加上路边停车位，都使得车流变缓，创造出安全而舒适的步行空间。紧临街道的建筑门面、宽阔的人行道、葱郁的树荫，这些都更强化出行人优先的环境特点。和所有的有机系统一样，这种传统街道的组成十分复杂；与之相反，蔓延区的街道却被人为建造得非常简单。在亚历山大的街道上，车辆的活动是或行，或停；步行者的活动是在街头漫步，进出各种场所，与人会面，在树下闲谈，或是在路边的小咖啡馆用餐；两类活动在同一条街道上同时进行着。再看看弗吉尼亚海滩上又是怎样的情景：道路上只有车辆疾驰穿梭，没有路边停车位，没有人行道，更没有树木。包括弗吉尼亚在内的很多州的交通厅都不鼓励在路边栽种树木，他们认为这样非常危险。在他们眼中，这些东西根本不能称为"树"，而是叫 FHO[1]（固定的潜在危险物）[2]。

5. 混合用途

在亚历山大的商业中心区，几乎所有街区都是混合用途的，就像街上的建筑一样，这一点显然不同于蔓延式的单一用途土地分区。这些街区虽然看上去凌乱，却绝不是随心所欲设计出来的，规划中的每个小细节都经过了精心推敲。有一项基本

---

[1] FHO 是 Fixed and Hazardous Objects 的缩写。——译者

[2] 弗吉尼亚州交通厅章程，8/95 版，表 A–3–1。手册中甚至提到"与其用护栏把树木围起来，还不如大家一起努力除掉它们。"

设计原则是针对建筑尺度以及它与街道的关系——大型建筑要和大型建筑相邻布置，小型建筑也要和小型建筑相邻，以此类推。其实这也是土地分区的一种组织形式，只不过在安排建筑位置的时候，人们更关注的是它们的外观形态，而不是功能用途。当大小不同的建筑物并肩而立时，它们仍然可以通过紧贴人行道的方式来共同限定街道空间。如果有停车场，则一定是藏在建筑的后面。虽然也有极少的建筑远离人行道，但这块场地并不是用于停车，而是作为公共广场或公园。

6. 特殊场地留给特殊建筑

传统的邻里社区应该为公共建筑提供特别的场地，因为这些建筑体现了社区居民的集体认同感和共同理想。亚历山大的市政厅就设在靠近道路的广场上，每逢周六，这里就会变成热闹的农贸市场。即使是在整齐划一的棋盘式街道布局中，像学校、宗教场所这样的公共建筑也会设置在最能彰显个性的地方。通过这种方式，城市的实体构成就能实现双重目标：既能显示其内在的社会结构，又对该社会结构提供有力的支持。

在以上原则的共同作用下，亚历山大成为一座愉悦之城，一个令游人心驰神往的地方。事实上，该市的设计规范中有一些应该算是常识了，还有一些是早期定居者们在建筑法规中曾明确提出过的，例如，对于外墙缩进和山墙朝向等内容都有过严格的规定[1]。这些规则直到今天仍让我们受益良多，为社区的设计与改造提供了完整而有效的指导框架。但令人遗憾的是，现在全国绝大多数的行政区，都已经强行地采用"蔓延"的新规范，并取缔了那些优秀的传统设计规则。

[1] 在使亚历山大与众不同的诸多因素中，有一点就是：城市规划只允许公共建筑的山墙面向街道，所有私人建筑则必须把屋檐面朝外，这样就为重要的公共建筑创造出平和而稳重的背景。弗吉尼亚威廉思堡的建筑法规也同样严格，它对公共建筑的选址、私人建筑的外墙缩进以及篱笆的设置等都有详细的规定。[Witold Rybczynski，《城市生活》（*City Life*），71页]

邻里社区规划与蔓延规划的对比

　　既然是规划在指导建设，那么了解邻里社区规划与蔓延规划的区别自然就十分重要。下图中显示的是珊瑚阁市（Coral Gables）的分区规划，它是 20 世纪初新建城镇的一个成功案例。该设计诞生于 1920 年美国城镇规划运动的巅峰时期。那个时期伟大的规划师们，研究并学习了最好的传统城镇设计经验，并结合汽车的需求对规划方案进行了适当调整，最后确定了该市的空间形态。珊瑚阁市作为一个现代城市，其土地是根据用途划分的，但是划分得就像东方地毯一样紧密而富有条理。不同的用地性质在图中用不同的深浅度表示，功能各异的用地总是彼此毗邻。住宅和公寓沿街而建，紧邻它们的就是街角的商店和办公楼。只有把铅笔削得很细很细，才可能画出这样错综复杂的规划图。

珊瑚阁市的土地分区规划图：在紧密交织的道路网络中，将土地的使用功能和密度进行细密而出色的划分。

下面这张土地规划图是用粗粗的马克笔绘制的，其实叫它"气泡图"还更恰当些。这是全美广泛应用于绿地设计中的代表性绘图法。地方政府最为关注的、也是开发商们必须做到的，就是必须确保单一用途的地块沿着连接性道路的两侧进行生长，这样的结果除了蔓延还能是什么？规划不准任何地块里出现混合的用途，这样一来也就确保了蔓延的继续。

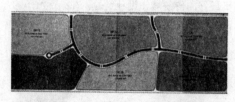

现代的土地分区规划图：将不同功能的用地严格分开，除少量的主要道路外，几乎没什么别的路可走。

从这种规划中可以看出，政府已经将社区建设的责任扔给了私人企业。可能有些人会辩解道：这样做的唯一目的是要给开发商最大的自由度，用公共的经费来支持他建造自己想要的物质环境。这可真是对现代土地分区制的讽刺，因为这种规划的要求比珊瑚阁市土地分区规划还要严酷得多。它不但对城市形态有着危险而模糊的认识，而且在土地利用方面也极为死板。假设一个开发商拥有 20 英亩（约 8 公顷）土地，而他只能将其开发为单一的功能，如果这种功能没人需要，那他就只有破产了。

开发商们要面对的限制因素不只是气泡图，还有成堆的规划条例给它做补充。就像 Philip Howard 在《常识之死》（*The Death of Common Sense*）中描述的：这些法规纷繁冗长简直到了让人啼笑皆非的地步。现行土地开发法规不只条款众多，对建筑环境的质量也有着负面影响。这些法规的数量之庞大和它们引发的负面结果其实是同一个问题的外在体现，这个根源问题就是，这些法规的核心是空虚的，它们不是基于物质层面发展出来的构想，既没有图片、图表，也没有建议的模型，通篇只有文字和数字。甚至在作者自己心里，对即将建设的社区也没有清晰的概念。他们在编写这些规范时，头脑中想的好像并不是自己向往的地方，也不是任何自己想模仿的建筑，正相反，似乎他们当时想象的都是些自己不想要的东西：没有混合用途，没有慢行车辆，没有停车位的不足，也没有过度的拥挤。但是，靠这样的禁令是创造不出城市的。

行文至此，我们对待蔓延最宽厚的看法也许就是：它并非意外的产物，但也不是基于物质形态以及该形态所塑造的真实生活的想象；它只是个无辜的错误，但这个错误无论如何不能继续下去了。连蔓延的创始者都不曾预料到，今天它竟会在全美如此普及。尽管有些人真心喜欢在这种环境里生活，但是毕竟还有很多人更愿意步行去学校、骑着自行车上下班或是少花些时间在开车上。现在这些人可选择的余地越来越小了，我们必须为他们提供另一种社区模式，而有别于蔓延的唯一合理模式就是传统的邻里社区式。

第二章
魔鬼就在细节处

交通为什么堵塞

近在咫尺，却远隔天涯

便利店与街头小店的对比

购物中心与主街的对比

办公园区与主街的对比 无用和有用的开放空间

为什么弯曲的道路和尽端路不能创造出令人难忘的场所

人们说他们不想在工作地点附近居住，但愿意在住所附近工作。

——Zev Cohen，演讲稿（1995）

　　我们先从道路的层面，深入比较一下蔓延式设计和传统的邻里社区式设计的区别。经过这样的对比，我们就会发现，新建郊区中的那些恼人状况很多都应归咎于物质环境的设计。在本章和下一章里，我们将对蔓延的各个元素进行分析，并与它们所取代的那些传统元素进行对比。

交通为什么堵塞

在郊区，人们抱怨最多的就是交通拥挤。超负荷的交通和其他因素相比，更能促使当地居民起来反对郊区社区的进一步生长。这是因为，在绝大多数美国城市里，交通最拥挤的地方并不是城市中心，而是城市外围的郊区。这些新建的"边缘城市"把公路撑得水泄不通，因为这些公路最初只是为较少车流设计的。像凤凰城（Phoenix）和亚特兰大（Atlanta）这样一些城市，根本谈不上什么城市中心，交通拥挤一直是人们日常生活中最为沮丧的事情。

郊区的建筑物是限制高度的，人口密度又低，为什么还会有这样的交通噩梦呢？首先的，也是最明显的原因就是所有人都被迫开车。在现代的郊区，利用公共交通、步行交通和自行车交通的可能性少之又少，在日常的工作生活中，每个家庭平均每天要驾车 13 次。虽然有些车程很短（但这种情况很少），但需要花些时间在路上，这样就导致了交通拥挤，特别是和传统的邻里社区相比，这种情况就更突出了。交通工程师 Rick Chellman 曾对新罕布什尔州（New Hampshire）的普茨茅斯（Portsmouth）进行了一项划时代的研究，研究中根据郊区标准出行率来推算该城市历史中心区的交通量，却发现推算的结果是实际交通量的两倍。尽管当地的天气并非总是适宜步行，但是仰赖"行人优先"的规划，普茨茅斯的汽车出行率仍然仅为现代郊区的一半[1]。

---

[1] Rick Chllman，《普茨茅斯的交通 / 出行发生率研究》（*Portsmouth Traffic/Trip Generation Study*）概要。由于市区内出行路程明显比郊区短，因此这里提到的一半车流在实际情况中还要少于一半。有趣的是，在早晚交通高峰时段，实际交通量比推算值低达 60% ~ 70%。

郊区模式呈现给我们的是一系列令人生厌的环状交通网络。交通堵塞迫使人们建设更多的道路，而新建道路反过来又鼓励人们开更多的车，进而制造出更多的交通负担。现行的工程标准迎合了人们对汽车的依赖，却创造出难以步行的环境。在人们普遍依赖汽车的环境下，停车场为了容纳这些代步工具而越建越大，这又使得建筑之间的距离也不断增加，步行活动也就愈发不可能了。人们为应对郊区的土地使用模式而研究出的种种技术，最终仍然无法摆脱这种土地使用模式的限制。

郊区蔓延式

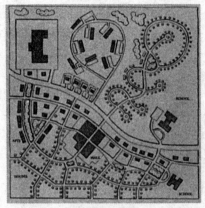

传统邻里社区式

郊区蔓延式（上）与传统邻里社区式（下）的对比：传统的邻里社区有着方便步行的道路网络，反之，郊区蔓延式社区不但取消了人行道，而且把所有交通都集中在同一条路上。

　　但是，就算郊区产生的出行量不比城市多，郊区居民也会由于道路的整体架构而遭遇很多交通问题。这张图片显示出郊区道路系统——工程师们称之为"稀疏等级"（sparse hierarchy）——和传统街道网络的区别。在图片上半部分，可以清楚地看到郊区模式的各组成部分：淹没在停车场海洋中的大型购物中心、快餐连锁店、公寓综合楼、蜿蜒的尽端路式的住宅用地①。这些功能区彼此分离，并通过各自的道路和外部更宽的集散路（collector）相连。当人们需要从一个功能区到另一个功能区时，无论距离远近，都必须经由这条集散路。因此，有可能整个社区的交通都要依赖某一条道路，从而使这条路从早到晚都处于拥堵的状态。如果在集散路上发生了交通事故，那么整个交通系统就会瘫痪。

　　图片下半部分显示的是一个典型的邻里社区。它的组成部分和郊区模式是一样的，但这些组成部分被组织成一个紧密连接的网络系统，从而降低了对集散路的需

---

① 这些功能单一的郊区用地正是生物学家所说的"单一栽培"概念在房地产领域的真实体现，"单一栽培"的特点就是基因匮乏 [Jonathan Rose，"暴力，唯物主义和仪式"（"Violence, Materialism, and Ritual"）144 页]。这种简单而同质的环境不是支持持续进化的沃土。

求。邻里社区为步行和骑自行车提供了充足的便利，这也是有别于郊区社区的。哪怕人们还要选择驾车，网状道路也会有出色的表现：它能在出发地和目的地之间提供多种路线的选择，从而控制好车流。由于整个道路系统都能充分利用起来①，交通量自然就得到了分散，使得绝大多数道路的交通流量都比较小。如果某条道路发生了交通事故，人们可以立刻调整方向继续行程。位于南卡罗莱纳州的查尔斯顿（Charleston, South Carolina）面积只有 2500 英亩（约 167 公顷），每年接待约 550 万游客，却很少发生交通拥堵的现象；而面积相当于它十倍大的希尔顿海德岛（Hilton Head），每年却只能接待 150 万游客。前者采用了高效率的棋盘式道路布局，后者则将所有交通都集中在一条集散路上。但是这些年来，郊区的规划者们一直把希尔顿海德岛视为设计样板来学习。

与传统的邻里社区相比，郊区模式的唯一优点是：它在统计学上更便于分析研究。由于人们的所有行程都得按既定路线进行，因此很容易准确地统计和预测交通流量。如果把该方法用于开放式的道路网络体系，统计表里的线条就会变得很平缓，那么交通流量也就无法预测了，事实上也就根本没必要预测了。但郊区模式依然占据主导，交通工程师们拥有空前的影响力，他们经常可以独立地决定哪些项目可以建设、哪些不可以。交通成了生活中的首要话题，由此可见问题之严重，城市规划该做一次彻底的自我反省了。

近在咫尺，却远隔天涯

郊区规划的另一个自相矛盾之处就是：它所制造出的毗邻性并不意味着可达性。日常生活中的很多目的地虽然近在咫尺，人们却无法直接到达。

---

① 有一点很有趣：郊区的道路系统拥有无比宽阔的路面，但它所需要的道路长度却丝毫不亚于传统的道路系统，甚至还更多而实际使用起来却效率低下：该系统里绝大多数道路是尽端式的，根本不具备连接功能。

　　举例来说，即使左下图中的住宅区和购物中心看起来毗邻而建，但走起来却要远得多。当地法规要求开发商在不同产权用地之间必须筑墙为界，这么一来，就连最坚韧不拔的居民也没信心走路去商店了。住所离购物中心明明只有50码（约46米），却非得开车经过半英里（约800米）的小区路，再通过半英里的集散路，最后抵达购物中心停车场，然后才能走到商店里去。本可以用两分钟步行解决的愉快的购物之旅，却成了浪费汽油，占用道路和停车场资源的艰苦远征。

　　这种分离式的单一功能土地分区的支持者们辩称人们不愿意住在商店附近。他们只说对了一半。因为，有些人不愿意，但有些人愿意。住在郊区社区的居民们根本没有权利按自己的意愿选择，甚至连他们住宅附近的设施都得长途跋涉才能到达。右下图是一张新英格兰镇（New England town）的照片，这个小镇的规划为居民提供了选择的自由。人们可以选择住在商店楼上、商店隔壁、距离商店五分钟路程的地方、抑或是完全没有商店的地方。可以想象，不同年龄、不同性格的人群，会有各自不同的偏爱，传统邻里社区为偏爱不同生活方式的人提供了充足的选择空间。而在郊区，人们只有去适应同一种生活方式：拥有一辆汽车，然后做任何事都要依赖于它。

毗邻性与可达性：由于围墙、沟渠以及其他缓冲地带的限制，人们连住宅旁边的商店都无法步行到达。

传统城镇：它的组织方式允许市民自己决定住宅距离商店及其他多用途建筑物的远近。

便利店与街头小店的对比

郊区居民对于住在购物区附近的厌恶情绪是十分强烈的。很多年来，佛罗里达州的迈阿密－戴德县（Miami-Dade County, Florida）允许开发商在单一用途的住宅区内修建5英亩（约2公顷）的购物场所，但从没有一个开发商这么做过。该镇的规划者们以此作为零售商业不受欢迎的证据，但事实上，人们排斥的并非零售商店本身，而是零售商店在郊区的表现形式——诸如"免下车快易店"（drive-in Quick Mart）之类的。很多规划师都有这样的经历：他们试图在已建成的住宅区里设置商店，而那些吓坏了的居民们则奋起抵制，甚至威胁要诉诸法律。或许，规划师们所建议的是传统的街头小店，而当地居民想象的仍是"免下车快易店"的形式：铝合金加玻璃构成的平屋顶建筑曝晒在阳光之下，周围是沥青铺成的道路，头顶挂着发光的塑料招牌。虽然居民们也想和别人一样能方便地买到日常所需的橘子汁和猫粮，但他们更担心快易店会使这里的环境恶化、物业品质降低。

但是，如果把快易店换成传统的街头小店，情况又会怎样呢？毋庸置疑，这两种商店模式卖的东西没有任何不同，都是为人们提供小量方便商品的小店面，但是从人们对二者的普遍反映看来，其中的一个是受社区欢迎的好邻居、一个社交中心、一个能为物业品质加分的积极因素，而另一个则是社区的破坏者。两种店铺的根本区别在于建筑的规模以及它和街道的关系，这两个因素在建筑类型学上可以结合起来考虑。街头小店的建筑类型在本质上与相邻的城镇住宅（town

品质降低的郊区街头小店：塑料招牌与停车场。

Norman Rockwell 设计的 7—Eleven 小店：一
个与相邻住宅协调融合的零售商店。

house）是一致的：都是两层楼的高度，三扇窗的宽度，砖石结构，入口所在的一
面紧靠人行道。它和周围环境搭配得如此协调融洽，我们甚至可以猜想它以前可
能就是一间城镇住宅。

快易店则正好相反：单层建筑，直接面向停车场①，和邻近的住宅建筑毫不
搭调。正因如此，它们很不受欢迎。事实上，建筑与环境的兼容性主要取决于
建筑形式，而不是功能。只要建筑形式彼此协调，那么多种多样的活动类型都
可以相邻共存。

购物中心与主街的对比

大盒子式的郊区零售商店显然也存在同样的问题。看到右页左图中的场景，
很多人都会问：面对开发商如此不负责任的开发行为，政府为什么不做惩处反而
姑息？真正让人悲哀的是：这个购物中心以及其他很多类似的建筑都是开发商遵
照政策规定建出来的样板式建筑，这也是当地政府唯一允许建造的零售店模式。

---

① 设置在建筑前面的停车场，不仅破坏了人行道的质量，同时也向人们发出信号：本商店的服务对象是
开车来此的外地顾客，而非本地居民。由于商店往往隶属于某个全国连锁机构，其拥有者住在外地，和
本地区没有任何联系，这些都使得本地居民对商店的印象愈发糟糕了。人们可能希望这些连锁店不要采
用与周围格格不入的建筑形式，而是换成一种能够融入社区的建筑；因此，比较乐观的解决途径就是：
用本地的商户取代连锁店。但这种想法在绝大多数地方都显得过于天真了，因为目前的现实是：人们明
显偏爱连锁商店，与其让它们停业，还不如向连锁店推销更好的设计，这样才会有更好的收效。

照片中的建筑物，几乎每一部分都是从规范手册中照搬下来的：招牌的尺寸、停车位数量、照明设施的布置、沥青层厚度、甚至连划分停车位的黄线都力求色彩精确。人们把大量的时间、精力和心思，都用在创造一种让绝大多数人感到不愉快、俗气廉价的环境上了。

位于佛罗里达州的博加雷顿（Boca Raton, Florida）的米兹纳公园（Mizner Park），则用另一种方式向人们诠释了如何建设一座大规模的零售商业中心。这种新型主街购物区的出色表现，远远超越了它的郊区竞争者们，甚至成了游客流连忘返的地方。不论人们前来的目的是不是购物，米兹纳公园都为他们提供了优越的自然环境。该公园广受欢迎的原因在于其精心设计的公共空间，以及传统的混合用途：楼下是商铺，楼上是办公和公寓，停车库巧妙地设置于店铺后面。这种设计优良、管理得当的混合用途的主街式零售商业区（main-street retail），其收益远远好过那些带状购物中心（strip center）和大型购物中心（shopping mall）[①]。

郊区零售商店：是开发商严格按照规范要求建设出来的。

佛罗里达州博加雷顿的米兹纳公园：将大型购物中心重新整合为主街购物区的形式，办公和公寓设于商店楼上。

---

① "设计优良"是指和谐的建筑与街道景观；"管理得当"是指洁净、安全并且适用的各式商店。在任何情况下，人们都必须明白一点：那些与城市公路相连的商业场所只是构成美国景观的一小部分，而一座传统的城镇中心足可容纳一至两座大盒子式的零售商店，而汽车销售商、家居建材商以及减价货仓等则通常落户在城镇边缘地区也是合理的。但目前的实际情况很奇怪：几乎所有零售商家（极少数除外），无论规模大小，都被赶到只有公路才能到达的地方去了。

　　另外一个成功范例是马萨诸塞州（Massachusetts）的马西比考门斯（Mashpee Commons）。对照下面的两张图，你也许感到难以置信——这个令人愉悦的市中心区（右图）以前曾是一座缺乏活力的带状购物中心（左图）。这一转型不但充分体现出主街购物区比带状购物中心的优越性，而且也说明了郊区在一定程度上可以通过改造获得新生。

　　一些主要的零售商家已经注意到主街购物区的魅力了。全美服装零售商——如The Gap和Banana Republic等——曾一度只专注于在大型购物中心里发展业务，现在则开始尝试进驻传统的主街购物区。一些全国最大的房地产开发商也开始行动了，例如联邦地产（Federal Realty）开始频繁地在百色达（Bethesda）和圣巴芭拉（Santa Barbara）的市中心区投资，建设主街购物区。尽管大型购物中心的时代还没有结束，但主街购物区却已在复苏之中①。如果经营者能将大型购物中心的管理经验聪明而恰当地应用到主街购物区的话，它就会和零售店一样成为大型购物中心强有力的竞争对手。

马西比考门斯，改造前：带状购物中心，无人欢迎，而且经营短暂。　　　马西比考门斯，改造后：在城市生活的推动下重获新生。

---

① 对于这一点有个比较激进的例子——佛罗里达的冬园（Winter Park，Florida）的一座郊区时代的陈旧的大型购物中心被"消灭"了，取而代之的是市内商店的复苏。很多主街购物中心的复兴都要归功于"史迹国民信托"的"主街项目"（National Trust for Historic Preservation's Main Street Program），这个机构为全国的社区提供设计建议和资金支持。

办公园区与主街的对比

今天的米兹纳公园代表着最先进、最创新的城市设计手法，但这些手法在75年前只不过是常识而已。那时的人们就深知，生活、工作与购物三者紧密相邻是最经济、最便利的社区建设方式。这种上一代的混合用途的城市中心区的典范之一，是位于新泽西州普林斯顿（Princeton, New Jersey）的帕默尔广场（Palmer Square）。那些具有明显的殖民时代特征的建筑，其实是一名开发商在20世纪30年代独立修建的①。和米兹纳公园一样，帕默尔广场广受青睐的原因之一也是：这里有商店、办公场所、公寓，甚至还有一家真正的旅馆，这些功能生机勃勃地组合在一起。

帕默尔广场是一个令人惬意的、十分独特的地方，因为在这里，很近的范围内就包含了日常生活所需的所有功能设施。工作场所是这里非常重要的组成部分，因为它们为商店提供了日间消费群体，人们可以在这儿喝咖啡、用餐或是购物。该广场为人们提供了一个可以在同一社区生活、工作的选择机会，因此该设计受到了新泽西州广大上班族的热烈欢迎。

传统城市中工作场所的建设形式之一就是办公设于商店之上。而在郊区，所有工作场所都被规划到了办公园区里。下页第二张表现图，是一座拟建的办公园区，所谓贴近广大员工真实生活的设计，实际上和下页第一张中帕默尔广场所表现的意境有着天壤之别。我猜这个绘图者肯定是得了佣金，所以拼命地把这个项目画得美妙动人。可惜，他把一些只能在理论上存在的可能性画进了图里，结果让人第一眼就立刻起疑：人行道的一侧是硕大无比的停车场，另一侧则是一辆飞奔而过的半拖货运车，谁会愿意在这种地方行走？

在这样的环境中，步行简直就是幻想。这里既没有排成一行的路边停车，也

---

① 很多人误以为这是一个历史建筑群而对其倍加欣赏，这就使得当前专业人士对仿古建筑的厌恶情绪受到了质疑，甚至有些建筑师和文物保护者，都对这些"历史建筑"深信不疑。

普林斯顿的帕默尔广场：办公室和公寓的楼下就是商店。

标准的郊区办公园区：只有办公楼和停车场，午餐时间无事可做。

没有别的缓冲地带来隔离风驰电掣的车流，行人在身体和心理上的都没有安全保障。此外，走在这样的人行道上也极为无聊，四周找不到任何有趣的东西，唯一用来解闷的只有停车场里各式各样的车头护栅。最重要的是，人们在步行可达的范围内根本找不到什么值得一去的地方，这点我敢打赌。

这种环境是否适宜步行姑且不谈，这个办公园区里的工作职员们的生活质量如何也是个值得考虑的问题。他们必须开车上下班，一个小时宝贵的午餐时间有两种方法度过：要么去单位的员工餐厅吃饭；要么像大多数员工一样，把 60 分钟里的前 25 分钟用来和车流作战，然后找个连锁餐馆吃一顿短而快的午餐。而在帕默尔广场，职员们走出单位，就可以到附近的餐厅或咖啡厅吃一顿舒服的午餐，然后利用剩余的午餐时间做些杂事，或者干脆坐在广场上晒太阳。帕默尔广场上的体验，固然不及在左岸咖啡吃薄饼那样惬意，但也足以衬托出办公园区午餐时间的凄凉。

无用和有用的开放空间

郊区该如何弥补生活质量的下降呢？很多人会说，郊区相较于城市的主要优势就在于它能为人们提供大量的开放空间。郊区的建设法规要求开放空间必须充足，并以此作为确保环境健康的重要手段。这项规定的历史由来已久。19世纪，城市规划者明智地倡导通过环境美化来应对笼罩城市的健康危机；20世纪中叶，人们已经利用这种方法创造出一种理想的城市景观：她与大自然融为一体，有大片的自然保护区、绵延的水道、农业绿带、休闲步道、充足的公园以及围绕着每栋建筑的庭院。但是，和许多现代城市规划思想一样，这一理想最终还是被现实改变了。在当今常规的郊区里，人与自然的关系变成了另一番景象：排污沟的周围是人工制造的链条式栅栏，沿街建筑物夸张地后退，而原本和谐相容的用地却生硬地用绿化隔离开，光秃秃的停车场上找不到一棵树木。

郊区景观的退化应归咎于现代社会对公共开放空间的硬性规定。虽然许多领域在传统上都习惯采用定性的方法，但现在这些方法都仅仅作为统计学范畴的规定而已。这些规定很少涉及开放空间的布局和质量[①]；通常情况下，它主要规定的是开放空间用地面积所占的比例。由于对设计缺乏明确要求，开发商们便经常把规定面积的开放空间朝向住宅后院布置，这样居民们就能拥有广阔的视野。但这样一来，开放空间看上去就更像是从属各家后院的一部分，使用它就好像侵犯了人家的隐私，于是最后就变成了一条又宽又长而无人使用的绿地。

那种认为修建了道路和住宅之后剩下的残存用地可以变废为宝作为开放空间的想法，其实忽略了这一事实——人们是希望将开放空间用于特殊的用途。保护区、林荫道、公园、大型露天广场（Plazas）、小广场（squares）等代表着从区域

[①] 提供休闲娱乐活动的地方公园不在此列，这也是郊区的地方所能提供的唯一一种公园类型。和前文所述的新型学校一样，这些活动场地的设计通常考虑的是维修方便，而不是到达方便。结果，这些场地被合并到一起，连成很大一片，远远超出了步行尺度。

郊区的开放空间：剩余而无人使用的土地。

传统的开放空间：根据实际使用模式而细致推导得来的设计。

到地方的不同等级和类型的开放空间，为人们提供了多种多样的功能，例如自然保护和持续发展、充满活力的娱乐活动、年轻人的活动场地、老年人的漫步空间等。规划当局只有必须为居民提供这些具备各种特定用途的开放空间，才能确保居民们切实地享受到规划法规最初承诺的生活品质。

　　要想真正地提高生活品质，规划法规就必须像对待停车场那样，对开放空间给予足够的关注和高度清晰的定义。下面我们将以上面第二张图中这个广场为例进行说明。怎样才算是一个广场？它的规模是一个小型的城市街区。周围建筑物林立的公共街道，这些建筑都有窗户和入口面向广场，以确保最大限度的活力和视觉监督功能。广场边界的树木既能限定空间，又能在炎热的日子里提供荫凉，而在凉爽的日子里人们又可以在开阔的广场中心沐浴阳光。有精心铺装的散步道，也有供人们进行体育活动的大草坪。如果缺少了上述要素中的任何一个，这个开放空间都不能叫作"广场"。

目前在常规的郊区里，普遍明显地缺乏传统意义上的开放空间，对此我们也可以通过建立上述清晰而明确的标准予以解决。这些社交场所的设计规则，应该由管理停车场设计的权威机构以同样的魄力来贯彻执行。只有采用特定的标准，才能创造出服务特定活动的特定场所。否则，"开放空间"的概念就只能表示那些开发商建造房屋之后残存下来的绿地。

为什么弯曲的道路和尽端路
不能创造出令人难忘的场所

蔓延还有一个值得讨论的细节，就是它只偏爱弯曲的街道而排斥其他。但是，凭什么以弯曲作为街道设计优劣的衡量标准呢？要知道，世界上绝大多数被公认的美好地方都是以直线型道路为主的！人们通常觉得笔直的街道会显得僵硬沉闷，但只要想想萨凡纳（Savannah）、旧金山（San Francisco）以及其他很多城市，这种想法就站不住脚了。

从那些为了适应起伏多变的地形而蜿蜒曲折的小径中，可以窥见这些弯曲道路的原形。同样，在郊区中随处可见的棒棒糖形状的尽端路，也是源于那些由于地形限制而无法连贯的山地道路。弯曲式和尽端式这两种手法，限制了道路的衔接能力，而且使得较小地块的建设非常不便，所以在历史上它们仅仅用于地形需要的地方。在平坦用地上大量修建弯曲的街道和尽端路，就像在城市里开越野车一样不合情理，但在现实中，郊区平坦用地上的弯曲道路和尽端路就像在崇山峻岭间一样常见，这也算是我们这个时代最陈腐的设计手法之一了。

我们确实很难想出，近50年内建造的哪个居住区中还有笔直的道路，这也是现在所有郊区居住区看上去都像一个模子里刻出来的原因之一。除了外观的雷同，该设计手法还会引发更严重的后果，那就是：这些道路没完没了地弯来弯去，让人彻底没了方向感，难怪那么多人把"参观郊区"和"迷路"相提并论了。从现实经验来看，无处不在的郊区社区警卫室的真正功能并不是防贼防盗，而是用来为人指路。就连 Rand McNally 公司[1]似乎也被这种到处转来转去的格局弄得不知所措，该公司出版的地图一向直观易懂，但绘制郊区边缘地带的地图时，他们的能力却好像退化了一般，画的东西凌乱难辨得不可救药[2]。

有种说法认为弯曲的街道具有宝贵的美学价值：与笔直而漫长的街道带给人们的沉闷感和冗长感相比，弯曲的街道可以让人们在行进过程中看到不断变换的

凌乱难辨的地图：这是一种典型的郊区街道模式，让人迷失其中，走着走着就会绕回原点。

---

① Rand McNally 公司是美国出版商和印制地图、地图集、地球仪、旅客指南的公司，总部设在伊利诺伊斯州科基（Skokie）。——译者

② 值得一提的是，这种令人迷失方向的设计绝非产生于无意。在封闭式社区产生之前，第一个弯曲街道住宅区的设计者们，其实是以弯曲街道的迷惑性作为组织外来人士在小区里开车闲逛的好办法。同样，尽端路的兴起也是为了避免住宅区内车辆的交通堵塞而四处乱窜，又是在犯罪高发地区也用尽端路来设置边界。但这些并不能作为现在弯曲街道和尽端路四处泛滥的理由。

景观。笔直街道的这一问题通常出现在棋盘式道路格局中，其实只要将连续的道路稍微弯曲一下，而基本方向大致保持不变，问题就解决了。所以说，本质的问题并不是弯曲，而是不要让行人开始朝东走，不知何时转向了南，最后甚至变成朝西走了。

用适当弯曲的走向来消除狭长道路的沉闷感，这其实是一项复杂的设计技巧，我们不应该回避它。它可以有效地创造出一种亲切感，进而使该地具有可识别性、归属感和拥有感（ownership）。但除此以外，我们还可以通过其他方法来消除行人对狭长道路的不良感受，比如在某个结点处精心放置一幢公共建筑，这正是传统城镇规划的特点之一。照片中是位于查尔斯顿的圣·菲利浦主教堂（St.Philip's Episcopal Church in Charleston），它的位置不是随意确定的，正如前文提到的，历史悠久的城镇总是习惯把最高尚的场地留给公共建筑。那些位于山顶之上、街道尽端以及广场一侧的场地，都被预留出来用于建设教堂、市政厅、图书馆以及其他受人尊崇的公共建筑。

郊区则没有什么尊贵的位置用于尊贵的建筑，公共建筑和其他类型建筑一样，隔着停车场与集散路遥遥相望。再对比一下圣·菲利浦主教堂吧，它是位于两条不同方向的狭长街道尽端的对景建筑。该教堂所构成的景观，使得它所在的社区

街道尽端的对景关系：传统的街道网络通过一些标志性建筑使人们时刻都知道自己的位置。

乃至整个城市都具有独树一帜的特点，旅游观光部门把它印成了海报，吸引人们到查尔斯顿度假。遗憾的是，现在已经不可能有这样的地点了，因为交通工程师们杞人忧天地认为：如果狭长道路的尽端设置建筑的话，肯定会有人不小心开车撞上去。而事实上，一百年来，还没有谁开车进入过圣·菲利浦主教堂。

传统的道路交叉口，就是为那些受人尊崇的公共建筑而设计的。1909 年，城镇规划师 Raymond Unwin 出版了一本名为《城镇规划实践》（*Town Planning in Practice*）的目录册，迄今为止仍是最好的城市规划手册。该书有很多内容都是道路交叉口的图样（左下图），直到现在，设计师们仍然怀着崇敬的心情研究这些几何图形。但是，地方官员们出于对"酒后驾车者"的考虑，会立刻否决这种设计，所以要把它付诸实施将是困难重重的。在老城镇里随处可见的这类交叉口，在现在却成了违法的典型。

但是从统计数字上看，那些传统的形式却比交通厅的最新设计方式更加安全。正是因为驾车者认为在传统道路交叉口高速开车不安全，因此他们把车速降了下来。传统道路交叉口的几何形状提醒驾车者，通过这里时必须加倍留意，司机们的反应自然就是减速慢行了。

一个非常安全的"不安全"道路交叉口的例子，是右下图位于佛罗里达州斯图尔特的"混乱路口"（Confusion Corner in Stuart, Florida）。共有 7 条街道和

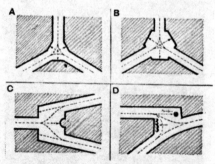

违反现行法规的设计：传统的道路交叉口设计创造出了令人难忘的场所。

安全源自对危险的感知：老式且行车困难的道路交叉口，实际上比人工精心设计的交叉口更安全，因为它们迫使司机减速慢行。

1条地面火车轨道以不同角度在此交汇。州交通厅曾试图花费巨资重新整治这一区域，因为按照他们的手册，这里是个不安全地带。但当地居民却拒绝改造这个"臭名昭著"的路口，这也是该社区唯一能上明信片的地方。尽管这个路口声名狼藉，但研究结果却显示，这里几十年间仅发生过一起交通事故，因此堪称该地区最安全的主要道路交叉口之一。而频繁发生交通事故的交叉口，反而都是依照交通厅规定的设计模式建造的。

越是不合常理的路口就越安全，如果你不相信这一点，那么下面这个事实肯定会让你惊诧不已：自从瑞典将左侧行驶改为右侧行驶后，全国汽车交通事故率下降了17%，而当所有驾车者都适应了新的方式以后，交通事故率又回到了原来的水平[1]。

运用道路几何学来增强安全性的实践，现在已经发展成为一套内容翔实、手法多样的规章制度，也就是我们所称的"交通宁静"（traffic calming）。例如减速杠、停车振动带、T型回车道、喇叭形路口、"之"字形转弯，以及其他几何图形与地形及道路设施的组合，都可以有效地降低车速。随着这些措施在欧洲的成功，美国也开始采用并取得了显著效果。但是，虽然这些进展令人鼓舞，但我们不应忽视一个重要的问题：要不是当初修建道路的时候就走入了误区——比如路面毫不必要的放宽、交叉口距离过远等——今天也就不用依靠"交通宁静"来弥补过失了。市政当局与其继续把地方道路修得像城市公路一样宽，然后再用减速杠把路面糟蹋得起伏不平，还不如重新允许通过较窄的道路和富有艺术性的道路交叉口设计来控制交通。这是创造具有居住价值的公共空间的首要步骤。

---

[1] Malcolm Gladwell，"爆发"（"Blowup"），36页。在另一项研究中，在德国慕尼黑的出租汽车都配上了防锁死的刹车装置后的三年间，通过对出租车司机的秘密观察发现，最初开车还比较安全的司机们现在却越来越鲁莽，直到他们重新达到更换刹车系统以前的事故发生率。这种现象被称作"风险自我平衡"。人们会不自觉地把他们的行为调整到一个自己感觉适宜的风险水平上。狭窄的街道和行车困难的交叉口非常有效地暗示司机们：道路并不是属于你们的。理想的情况是，当驾车者们通过设计良好的住宅区时，当地居民感到他们在借用道路。

第三章
蔓延中建造的住宅

谁会料想到，当今现实生活中困扰我们的重大问题，其答案往往就藏在千篇一律的住宅区中。

——Jane Jacobs，《美国大城市的死与生》（1961）

美国住宅建设的怪现象

　　蔓延主要是由住宅建设导致的。无处不在的住宅建设本身就是一个值得研究的重要课题。但还有其他一些原因促使我们对美国提供住房的方式进行反思。虽然当今的郊区模式对绝大多数美国人来说很自然，但就全球背景来看，这种模式就有些不正常了。世界上没有任何一个国家像美国这样为公民提供住房，也没有任何国家负担得起。虽然我们已经非常清楚占地广阔的独立住宅的蔓延带给社会和环境的负面影响，但它还是开始在全球范围内扩散。有些倾慕美国文化和商贸的国家开始效仿我们的做法，但这并不能证明我们的经验是正确的。毫无疑问，全球郊区化的可怕前景，使我们更有必要去反思当代美国的住宅建设是怎样背离了全球和历史上的住宅建设道路的。然后我们会清楚地发现，这种背离与我们确定定居地和设计家园时选择的那些史无前例的新方法有着密切关系。

　　今天的郊区现实可以追根溯源到关于乡村自治农庄的田园梦想。从 Jefferson 到 Limbaugh 都曾明确提出过这种远景，它贯穿了美国的历史，人们将其与那种视住宅拥有权等同于参与权的民主经济画等号。然而，这种平衡似乎是有限的，众多参与者中只有少数人能在不做任何妥协的前提下实现这一梦想。中产阶级们一窝蜂地在同一时间、同一地点修建他们的乡间住宅，这样建出来的环境必然令人大失所望，其目标自相矛盾：在聚集中进行隔离。

　　大量文献表明在连续不断地涌向宁静田园的移民大潮中，再折返回来的人越来越少了。郊区内环地区曾经承载了上一代人的大逃亡（great escape），而今却由于郊区边缘新建的住宅区而走向衰落。假以时日，这些新建住宅区的人口又将流向更远、更新的社区。与此同时，现有的基础设施还没有充分利用，就又开始耗资修建新的，导致交通状况也是每况愈下。这种离心式的生长系统，有一个核心的但没有明说的假设性前提，那就是：将现有的邻里社区废弃不用，每位成年人必须被强制购买一辆汽车。

私人领域与公共领域

在蔓延构成的广袤"宇宙"中，独立住宅只是最基本的构成微粒。现行的模式是快餐店版本的美国梦，有人称之为麦式豪宅（McMansion）①。这种住宅模式可以追溯到过去建在大片农场之中的农场主住宅，或是森林中的小木屋。但麦式豪宅又有别于它的前辈们：它建在一小块用地的中央，周围被更多同样的住宅紧紧包围。这种住宅模式显然缺乏美学价值，因此很多著名的建筑师正是凭借在庸俗之中掘出灵感而声名远播。但该模式真正的问题并不在于审美，而是实用性。

就像麦当劳快餐店一样，麦式豪宅绝对物超所值。在为买家提供私人领域（也就是住宅内部空间）方面，美国住宅建造商们也许是世界上最出色的。在人均建筑面积、每个卧房的洗手间数量、厨房用具的数量、中央空调的质量以及车库的便利性等方面，真是一分价钱一分货，再没哪个国家能赶上美国。美国的私人领域简直堪称超值产品。但问题是，绝大多数郊区居民从走出自己的安乐窝那一刻起，便开始在廉价而花哨的、压力重重的环境中艰苦抗争。他们走进汽车，接着就投入到一段乏味而充满斗争的旅程，直到抵达目的地——室内为止。美国人可能拥有着发达国家最好的私人领域，而我们的公共领域却令人难以忍受。所到之处尽是千篇一律的细分土地、光秃秃而没有一棵树的集散路，还有硕大的停车场，居民们找不到任何值得一去的公共空间。在这种环境中，人们所扮演的主要角色就是彼此争夺沥青路面的驾车者。

私人领域与公共领域的脱节应归咎于美国特有的人格分裂症——郊区"邻避主义"。人们之所以说："我喜欢住在这里，但不喜欢别人也住在这里。"这是因为新建郊区并没有带给他们更多惬意的私人领域，反而带来更多的是他们根本不感兴趣的衰败的公共领域。

---

① 麦式豪宅（McMansion）指在美国兴起的造型风格独特的新型住宅房屋，其大小像公寓，但其文化方面却像麦当劳快餐店，普通到处都有。——译者

尽管"邻避"主义者以发表环境问题的主张见长，但他们却很少关注生态问题，也不会劳神去讨论低密度住宅与汽车依赖症之间的联系。他们更应知道的是：有着宽阔道路和巨大停车场的项目，将会成为枯燥无聊、令人不快的地方；它还会制造出更多的车流；从公共领域的角度衡量，把林地或农场变为新的居住区是件得不偿失的事情。

这种状况于以前的开发方式明显是背道而驰的。在二战之前的美国郊区中，私人领域和公共领域具有同等品质，人们对郊区的生长也始终报以欢迎的态度。幸运的是，这样的地方有很多一直保留至今，而且绝大多数成年人都曾到过这些地方。在绝大多数美国城市中，都拥有至少一个建于世纪之交的邻里社区，这些社区是良性生长的有力证明。因此，对于那些有着美好回忆和一些旅行经历的"邻避"主义者，只要通过一种深思熟虑的方式，是可以与之谈论新建开发的。如果未来的发展能给他们带来愉悦惬意的公共领域——绿树成荫的窄街、公园、街角的食品杂货店、咖啡馆、小型的邻里学校——他们就会张开双臂去拥抱这种生长。

麦式豪宅：如果不考虑美学因素，它绝对物超所值。

麦式豪宅的外部环境：衰败枯竭的公共领域。

收入差别导致的社会隔离

当代郊区住宅区有很多特征使其区别于传统的郊区住宅区，其中最奇怪的、也是最令人担忧的一点就是新住宅的分布特点。下图中显示的是一个典型的郊区景观，这片用地包含了三种不同的住宅小区，或称"住宅组群"（clusters）。其中一个组群所有房屋价格都是 35 万美元起价，第二个组群的房价都在 20 万美元上下，第三个组群中都是价格低于 10 万美元的公寓。这种组织结构是郊区的独创发明，体现了这个国家近来出现的一种相关现象。美国历史上存在由于不同原因而产生的不同类型的隔离现象，比如种族隔离、社会等级的隔离、新老移民的隔离等。但我们正在经历的是一场从未有过的隔离：由收入的细微差距导致的冷漠无情的隔离。邻里社区总是会有相对好一点的和差一点的，但富裕人家从没有像现在这么泾渭分明地避开穷邻居。对大多数人来说，财富略逊于他们的人和贫民窟里的懒汉没有多大区别。要证明这一点，人们只需试试在房价 35 万美元的住宅区里的空地上盖一幢 20 万美元的房子，业主委员会肯定会立即提出法律诉讼。毫无疑问，在新建郊区里，任何涉及"支付能力"的字眼都会招致异议。

这种"市场分割"造成的住宅区隔离是郊区开发商们的一大发明。当他们找不到什么有意义的途径来标榜自己大批量制造的货品时，就开始向人们兜售排他性："如果能住进这几扇大门，就证明你是个成功者。"为了迎合这种精英主义，房地产行

收入隔离社区的景象：装有大门的相似的住宅区。

业极尽所能，甚至连活动房屋场（mobile home parks）都以这种理念推向市场。

在这样一种像达尔文"啄序"①（pecking order）式的权势等级体系下，每栋住宅都有自我夸耀的权利，也正因如此，每个业主都会为邻家物业价值的升降而心惊胆战。他们担心邻居在粉刷房屋时用错色彩，或是忘记修剪门前的草坪，抑或养了一只体重超标的狗而导致物业跌价。美国人平均每六年就会搬一次家，¹ 因此房产的价值是十分重要的。

搬家、迁徙是美国社会由来已久的传统，而不断升级自己的住宅也就构成了美国梦的一个显著部分。住上越来越大的房子，不但是我们这个社会的精神特征，也是人们娶妻生子后的必要任务。但是，为什么每次想换套大一些、舒适一些的房子，就一定要以抛弃旧邻居、社区集体、甚至同学为代价呢？这是因为，郊区居住区的体制使得人们的搬迁不再单纯地只是从一栋房子搬到另一栋房子那么简单，而是从一个社区搬到另一个社区。只有在传统的、组织合理的、并且由多种收入水平的人群组成的邻里社区里，人们才可能在近距离内找到升级住房。在新建郊区里，人们要想向上走，就必须先向外走②。

我们不需要什么社会学学位也足以预想得到，这种按收入来分割住宅区的模式将会形成怎样的文化。这样的例子在加利福尼亚州（California）、佛罗里达州（Florida）以及南部阳光地带（Sun Belt）③各州都屡见不鲜。那些住在门禁森严的住宅区里的人们，一直反对上交必要的税项，他们不愿多掏一分钱去改善内城、学校、公园以及任何需要维护的公共领域。而与此同时，这些人却每月向他们的业主协会支付成百上千美元用来维持自己居住的小区，至于外面的世界，就让它自生自灭好了。

---

① "啄序"是一种生物学概念，意指在一群家禽中存在的社会等级，其中每一只鸟禽能啄比其低下的家禽而又被等级比它高的家禽啄咬。 ——译者

② 这种情形也适用于搬到小房子。年长者常常因为需要换个小点的房子而被迫离开自己熟悉的社区，而在陌生的社区重新开始生活。

③ 阳光地带（Sun Belt）是包括美国南部 15 个州的地区。东南起自弗吉尼亚和佛罗里达，西南内华达，包括加利福尼亚南部。——译者

Robert Reich 称这种现象为"功成身退"（secession of the successful）。[2]

这种封闭式社区正在成为美国居住区标准配备的趋势，因此它近来引起了广泛的讨论。在《堡垒美国：封闭式社区》（*Fortress America: Gated Communities*）一书中，Edward Blakely 和 Mary Gail Snyder 认为，全美目前约有 2 万个封闭式社区，其中容纳了超过 300 万个住宅单元。他们在报告中指出："据全国房地产开发商中一位领军者的估计，每十个新建社区中，就有八个是封闭式的。"这一现象已经遍及全国，特别是在南加利福尼亚（Southern California）尤为突出，"在 1990 位被调查的南加州购房者中，有 54% 想居住在装设大门、围墙高筑的社区里"。[3] 许多市民对这种封闭式社区的厌恶之情固然可以理解，但我们更应明白的是，这种社区的根本问题并不是紧闭的大门，而是大门里面的东西。没人对欧洲和亚洲那些高墙环绕的城市提出反对，那是因为各个社会阶层都可以在城中安家落户，而不是仅供特权阶层的精英们居住。威胁到社会团结的并不是大门的设置，而是大门里面的人群的相似性与排他性。

不幸的是，这种种族隔离的模式具有自我延续性。一个在这种单一环境中成长起来的孩子，很难对来自社会另一阶层的人抱有同情心，也很难融入多元化的社会。"其他人"对于考个孩子而言就是外人，他只在被认为夸大的电视节目中才见到过。人们的居住环境越相似、越安全，他们对不同的人或事物的理解就越少，对围墙之外的世界也就越漠不关心。这其实也是一把双刃剑：穷人们对中产阶级也是知之甚少，他们坚信那些人同自己根本就不是同类，对他们的痛苦更是置若罔闻①。

在蔓延创造出这种割据模式②之前，美国人曾是如何生活呢？右页图中是位于华盛顿的乔治敦（Georgetown, in Washington, D.C.）的一个局部。一个多世纪以

---

① 这种情形随着距离的拉大而更加恶化。在当代的都市里，富裕人士所居住的郊区通常都位于城镇中较贫穷社区的相反方向，并沿着这个方向朝远处发展。不同阶层的人们相隔数英里而居，形成了一种极端不平等的空间形式。

② 巴尔干化（Balkanization）意指"被割据、分裂成互相故对的小国"。——译者

来，这些街区里一直居住着收入各异的人群。这里有供教师、职员、刚毕业的大学生们居住的出租公寓楼；还有供从业人员、年轻夫妇、退休人员居住的城市住宅。他们中有些人会把自家的地下室再租给秘书、日托人员和学生们；这里甚至还有一些豪宅，它们是美国东部大西洋沿岸各州的成功人士的府邸，这些豪宅的车马房、车库等房间里，则可能居住着艺术家、建筑师以及很多淡泊名利的人。这只是乔治敦的一个小小局部，却代表着美国社会当时的普遍现象。

敏锐的观察者会发现，在这里也有一定形式的隔离：公寓楼面向公寓楼，城市住宅面向城市住宅，当然豪宅也是面向豪宅。住宅模式以街道为单位而彼此区分，往往不同模式的交界处就位于街区中部，也就是各种住宅后院相接的地方。与郊区住宅体系相比，这种手法同样能有效地提升房地产价值，同时保持街道景观的一致性；所不同的是，它不会将不同的人群彼此隔离。从 CEO 到图书管理员，大家都走在同一条人行道上，逛同一个公园，去同一家街头便利店购物。这里的居民们享有同一个公共领域，有机会进行交流互动，进而明白了对方并不可怕。

作为社会聚合器的传统邻里社区：在乔治敦，收入各异的人群都能居住在同一个街区里。

各个社会阶层的人在日常生活中相互接触，这不仅使整个社会更加健康，同时也使人们的生活更方便。不妨设想一下，你的家庭医生、孩子学校的老师以及看护孩子的阿姨，他们都住在你家附近；这个邻里社区能够满足你不同阶段的住房需求，让你到老都不用离开，甚至你的子女、孙辈也会住在同一个社区里。当然，居住在乔治敦并不保证这一切都会实现，但是居住在凤凰城却能保证这一切都不能实现。

乔治敦模式告诉我们，郊区住宅区在提供混合收入住宅方面的缺陷并不能简单地归咎于"精英优越论[①]"（elitism）的观念。同一街区内的住宅类型转换只能在传统的街区体系下实现，而郊区则通常不具备这种体系。在下图中可以看出，郊区住宅所推崇的设计手法是将建筑旋转式地摆放，以追求令人愉悦的、画一般的效果，但这一目标很少能实现。这种美学观点是那些没有受过美学训练的规划师和工程师们所宣扬传播的，它与设计的真正原则背道而驰——好的空间设计真正取悦人的不是其图面效果，而是在三维空间中的实际体验。正是由于对建筑前面和背后的空间都没有相关的设计规定，因此这种郊区规划根本不可能建造出以街道为单位划分的混合住宅模式。事实上，也根本谈不上街道，只有利用剩余用地建造的停车场挤在了建筑物之间。

火车失事现场般的景象：过分追求图面效果的规划，建筑物要么看不到正面，要么看不到背面，或者没有街道地址。

① 精英优越论（elitism）是指认为在某些类或群体中的特定人或成员因其明显的超于常人的优点（例如在智力、社会地位或经济来源方面）而应该享受较好的待遇。——译者

位于盖瑟斯堡[①]（Gaithersburg）的最近建成的肯特兰（Kentlands）邻里社区，正是混合住宅区的一个很好的范例。豪宅建在街道拐角处，与城市住宅毗邻而立，车库入口就位于共用的后巷之中。虽然这样的设计手法根植于传统，但最初我们提出这一建议时，却被专家们认为是彻头彻尾的极端主义做法。首先，它违反现行法规，在美国绝大多数地方，把不同类型的住宅混在一起是违规的。其次，也是更重要的，这是对美国住宅产业集体智慧的挑衅，他们认为把不同价位的房子混在同一社区里是卖不出去的。

然而，接踵而来的高价热卖告诉这些专家，将他们的智慧用在肯特兰是错误的。在销售那些彼此隔离的住宅区时，也许多样的类型会使人产生畏惧心理，但在一个真正的邻里社区，住宅类型却是多多益善。因为在邻里社区里，人们首先购买的是社区，其次才是住宅。一个地方建设得越像真正的社区，它的价值就越高，

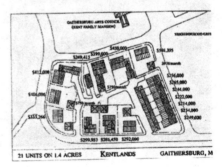

肯特兰的一不典型街区：豪宅、沿街的城市住宅以及公寓楼有机组合在一起。

多样化的规划：该街区既有售价 50 万美元的住宅，也有月租 750 美元的公寓。

---

① 盖瑟斯堡（Gaithersburg）是美国马里兰州中西部的一座城市，位于华盛顿特区西北偏北。——译者

而真正社区的标志之一就是多样性[1]。

"饼干模子"（cookie cutter）是时下人们经常提及的一个字眼。开发商们为自己修建的小区被冠以此名而感到羞愧，于是他们投入大量精力与财力以避免这种窘境。多达 20% 的建设资金被用于增加建筑物外观的多样性上，从形状、色彩、窗户式样，到钉在墙上的装饰品，无不异彩纷呈，甚至法兰西乡村风格的隔壁就是加州现代派风格。

但是，所有这些努力都徒劳无益，因为在表面之下，仍然是千篇一律的建筑翻版。要创造一个真正多元的社区，最佳的途径并不是改变建筑风格，而是房屋类型。实际上，在乔治敦这样的地方，建筑风格的差异是很微小的，但人们从未用"饼干模子"来形容这里，这就要归功于多样化的房屋类型。

有趣的是，建筑风格依然扮演着关键角色，但我们必须以相反的态度来对待它：只有持续使用同一种建筑风格，才有可能使不同类型的建筑融合在一起。在肯特兰，通过统一运用中大西洋乔治王时代艺术风格的语汇，掩盖了不同建筑之间的差异，从而创造出和谐的街道景观。任何可能让人联想到豪宅的识别标志，也一视同仁地体现在邻近的公寓楼建筑上。

乔治敦和肯特兰只是暗示了不同住宅类型和收入等级之间在一定程度上彼此

富裕的邻里社区中的经济适用房：安纳波利斯的两户联排式住宅夹在两栋豪宅之间。

---

[1] 位于马里兰州（Maryland）的另一个项目 Wyndcrest，也同样表明新的开发项目没有必要遵循"定点定价隔离"模式。这里房屋价值的提升更大，一套在郊区价值 7.7 万美元的联排住宅在这里的市场估价可达 29.7 万美元。

融合的可能性。事实上，不同的建筑完全可以做到在形态、位置以及建筑表达手法等方面彼此协调，而根本无须将其隔开，甚至也不必以街道为单位进行区别。左页这幅摄自安纳波利斯（Annapolis）的图片显示的两幢价值数十万美元的豪宅，夹在中间的是两户面宽仅 14 英尺（约 4.27 米）的联排式住宅。在这里，经济适用房不再是影响市容的建筑，因为它们与相邻的豪宅从建筑上看十分般配。这种建设模式的唯一瑕疵就是：该经济适用房的市价会很快超出原本的价格区间。但这样做的好处是：原来的屋主将因房价的攀升而步入中产阶级行列[1]。

两种违规的经济适用房模式

除了上文提到的安纳波利斯的城市住宅，在美国更古老一些的邻里社区中我们还能发现另外两种可供借鉴的经济适用房模式，但它们都违反了现行的绝大多数郊区土地区划法规。第一种是长期存在的"上宅下店"（living above the store）的传统模式。工业革命时期，污染对居住区的破坏给人们留下了挥之不去记忆，使人们下意识地抵制在郊区修建那种商业在下、住宅在上的混合型建筑。但是，

公寓建于商店之上：这种提供廉价住房的最行之有效的方式，在很多郊区却是违规的做法。

---

[1] 遗憾的是，低收入的房客无缘分享这样的好运，甚至会被迫搬出。这一缺陷是成功所导致的必然结果，但它不应成为邻里社区复兴的阻碍因素。地方住宅政策应切实地负起责任，确保邻里社区能持续提供经济适用的租赁房。当然，秀想在提供新的经济适用房的同时又不让它升值，最简便易行的办法就是把它修建成与环境水火不容的前卫风格。

没有任何证据表明这种商住混合的模式会使居民死亡率提高，因此对它的抵制也就站不住脚了。楼上的住户可以成为楼下商店的顾客、街道活动的参与者以及夜晚的社区监视者。该模式还为人们提供了一种最为经济的居住途径，因为土地和基础设施的费用已经由商铺承担，民用住宅所要负担的只有修建的费用。唯一可能发生的额外费用，来自该地必需的停车场的建设，但是如果这个地方政府够明智，它就会豁免这项规定。因为居民有停车需求的时段，正好是商店打烊的时候，商店空出来的停车场恰好可以供居民临时使用。

　　建于商店之上的公寓不仅为人们提供了经济适用的住房，同时也为购物区提供了充足的人流，否则，这些区域在商店关门以后就会变得空荡荡而充满危险。此外，它还满足了对商店建筑高度的要求，因为单层的零售店铺很难起到限定街道空间的作用。诸如 Videosmith 音像公司、Eckerd 连锁药房、Boston Market 连锁餐厅等这些单层商业建筑，无不在屋顶上加建女儿墙，但仍然无法达到围合街道的效果。如果政府明确要求在新建商业之上修建经济适用房，并对响应的商家给予补贴，必然能为街道的空间限定创造有利条件，并且将久违的安全感带回到商业中心区。还有一种正在复苏的上宅下店的形式，就是"宅下设店"（store-below-the-house），也就是人们所说的"居住／工作单元"（live-work unit），实际上就是底层为商店或办公用房的联排式住宅①。这种模式的最大好处是，房主用一笔房屋贷款就可同时支付居住用房和工作用房的两项费用。在佛罗里达州的滨海新城（Seaside, Florida），这样的建筑单元环绕在邻里社区的公共广场四周，其底层有商店和艺术家的工作室，还有一家能煮出北佛罗里达州最棒的特浓咖啡的咖啡店。现在，越来越多的美国人选择在家中工作，因此我们可以想象，这种"居住／工作单元"的模式将会再度成为社区房屋的主流。

---

① "居住／工作单元"还可采用很多不同形式，例如将传统的住宅底层作为办公室，或是住宅设在商店与院落的后面。

一笔贷款可同时支付住宅与工作两项用房的费用：西塞德的"居住／工作单元"。

位于后院的祖母房：独立于大房子之外的一间卧房。

第二种被人们遗忘的经济适用房模式是附属房（outbuilding），有时也叫作"车库房"（garage apartment）或"祖母房"（granny flat）。这种房屋是在独立住宅的主体建筑之外单独修建的附属建筑，通常只有一间卧室，可以对外出租[1]。这样做的理由很明了：尽管全国范围内有成千上万个无人使用的卧房，但为了保护个人隐私不被侵犯，出租卧房显然是不可能的。而作为另一种选择，独立住宅与其附属房则创造出一种在很多方面美妙共生的系统。附属房在稳固的独立住宅社区中能够为人们提供经济适用的住房，同时还隐含着一种监督机制——住在大房子里的房东要对住在附属房里的年轻房客负有监督的责任。另外，附属房的租金也

---

[1] 这种附属房在老的邻里社区中十分常见，但郊区却没有，主要就是由于相关法规的限制。这些法规也是为了避免居民对土地的无节制开发：如果附属房建得太多、太大，就会占用大量绿化空间，加重地方基础设施的负担。其实，政府只需对附属房的大小及装设管线的数量进行限制，就可以轻松避免这些麻烦。

可用来偿还独立住宅的一部分房屋贷款。这样一来，中产阶级人士又能朝着房产拥有权迈进一步了。该情形甚至会发生有趣的扭转：一名住在肯特兰的年轻女性选择自己住在附属房，而将大房子租出去，以租金偿还全部房屋贷款。她付出的代价仅仅是房屋首付金，但是未来的某一天，她却将拥有整幢 2700 平方英尺（约250.83 平方米）的大宅。

　　附属房的一个决定性的优势就在于，它为家庭结构提供了变通性。在我们的社会里，社会性与隐私性是同等重要的两极，二者在现实中往往难以兼顾，但附属房模式则可以让一个大家庭既住在一起，又有彼此独立的空间。试想一对中年夫妇，如果有条件为寡居的父母或是长大成人的子女提供一间独立的后院小屋，他们又怎会愿意再将他们接回自己的大房子里来？

两条被遗忘的经济适用房规则

　　经济适用房，虽然它很少现身媒体头条，但依然是美国迫在眉睫的紧要问题。在美国为穷人提供住房的漫长历史中，教训累累。而这些教训令人瞠目，但它们

在南卡罗莱纳州的查尔斯顿（Charleston，South Carolina），正确的经济适用房模式：数量不多，但建筑风格要与周围的中产阶级住房相似。

被遗忘的速度更令人咋舌。

　　首先，经济适用房在外观上不应与商品房有任何不同。穷人们真正想要的，是在他们心目中属于中产阶级的居所，而不是被打上了穷人烙印的房屋。但问题是，人们理所当然地以为，穷人无论得到什么样的房子都会心满意足，于是在过去50年里，穷人们成了建筑设计与城市规划的试验对象。设计师们本着一番良好用心，开始在经济适用房建设中尝试最新的、从未试验过的技术与风格。这些建筑作品被评论家 Robert Campbell 称为"贫困标牌"（billboards of indigence），它们往往充斥着各种怪异的设计理念，荒谬而不得体。由于贫穷人士在设计过程中无法参与意见，面对最终结果又束手无策，因此这个问题愈发严重，直到最近，贫穷人士才得以参与到设计中来①。因此，第一条规则就是：不要拿穷人做试验，他们没有选择权。请用富人做试验，他们如果不满意，毕竟还能搬出去。

　　经济适用房的第二条规则，也是经常被忽视的一条，那就是：经济适用房不要大规模地集中修建，而是尽可能分散地布置在商品房中间，这样既可以避免对邻里社区品质的破坏，又能激发居民的积极行为②。在联邦政府颁布的住房政策中，代价最为惨重的一个也许就是20世纪60至70年代，大规模地将贫穷人士迁到可怕的公共集中住宅区，造成了灾难性的社会后果，这些住宅区有很多至今还保留着。

　　将不同房屋模式进行混合时，并没有什么固定公式可循，但我们很有把握的一点是：在一个邻里社区中，每十户商品房就可以轻松地吸纳一户经济适用房，而不对社区造成任何负面影响。在前文所示的安纳波利斯（Annapolis）的图片中，按照这种比例将两户城市住宅置于20栋大宅之中，根本不会构成任何威胁。这样

① 造成这一局面的原因还有很多，例如许多政府的地方住宅管理机构强制开发商采用简单而重复的标准来修建和维护经济适用房，这些标准使得新建的经济适用房在居住区内显得更加格格不入。

② 和绝大多数单文化（monoculture）一样，贫穷的社区是极其脆弱的。贫穷的表现形式之一正是一些生活常态事物的脆弱性。比如，汽车不能发动，甚至一扇窗户破碎了，都会给穷人造成严重的经济困难。在这种环境之下，一件微不足道但事与愿违的小事，也会迅速升级为大规模的、具有严重破坏性的危机事件。

的分布方式在缓和思想封闭的富人对穷人阶层的抵触心理方面做出了榜样。这种
10:1 的比例关系开始受到青睐，但它必须克服一个由来已久的传统，即庞大的建
设项目都由政府操办。而且，规模经济的原理表明，大规模建造房屋的效率最高，
就像生产豌豆罐头和手纸巾一样。在这种情况下，大规模建造的做法确实显得无
可辩驳。诚然，如果用简单的统计数字来分析，这种规模经济的做法或许是正确的，
但利用这种方式来降低经济适用房的建设成本，却违反了经济适用房建设的一个
更崇高的目标——我们为人们提供的不仅仅是房子，而是一个适宜生存的场所。
该场所应该包含一个社会支持体系，换言之，它应该是一个社区。

　　不幸的是，经济适用房集中建设的危险趋势在私营土地开发商的推动下愈演愈
烈，因为这些开发商更希望让廉价房、特别是出租的公寓楼远离中产阶级居住区。
尽管近年来在建设混合收入社区方面已经有了一些成功案例，但开发商们仍然保
守地不愿放弃他们所熟悉的开发经验。这种情况就需要政府的政策发挥作用了。马
里兰州的蒙哥马利郡（Montgomery County, Maryland）自 1974 年开始，就允许当
地开发商建设比通常规定多 22% 的住宅单元，条件是多出来的这些住宅单元中的
15% 要"价格适中"，该规定是强制性的。住房机会委员会（Housing Opportunities
Commission）的执行理事 Rick Ferrara 表示："如果不强制要求，没有一个开发商
会主动这么做。"现在，由于所有开发商都必须遵循规定，因此在马里兰州，廉价
住房融入富裕社区已经成为很平常的事。如果同样的强制手段能建立在奖励制度的
基础上，相信这会促成更多不同收入的市民生活在同一个社区。

　　上文谈到的两个规则，联邦政府似乎已经学会了第一个，但还没有掌握第二
个。20 世纪 90 年代末，由政府协助修建的住宅项目中，绝大多数都是依据传统模
式进行设计的——独立住宅和城市住宅设置于网状街道体系中，这比起臭名昭著
的 "园中楼"（tower in the park）模式，不啻为一个巨大进步。美国住房和城市
发展部（Department of Housing and Urban Development，简称 HUD）已经正式
肯定了邻里社区概念，在其最新的项目中都采纳了文中的很多规划原理。这些开
发项目中有一部分——例如 Ray Gindroz 对一些功能紊乱的 HUD 项目进行的改造

弗吉尼亚州诺福克的底格斯镇（Diggstown, in Norfolk, Virginia）：从市中心的一个贫困住宅区翻新为邻里社区形式，体现了 HUD 的新标准。

设计——由于使公众的居住场所重获生机而得到了广泛关注。但是，无论采用何种形式，政府补贴建设的住宅仍然高度集中在一起，只有少数能融入商品房的社区，且比例远远低于我们所提倡的 10:1。我们希望，建筑设计与城市规划水平的改进，能为这些新建项目带来良好而持久的有效管理，而不要重蹈圣·路易斯的 Pruitt Igoe 居住区、芝加哥的 Cabrini Green 居住区以及其他类似项目的覆辙。因为这些住区都在社会灾难的重压之下彻底崩溃，并最终遭到拆毁的下场。面对严峻的社会隔离现状，即使是建筑师也应谨慎地看待经过反复检验的传统模式。

中产阶级的住房危机

几乎所有关于住房危机的想法都无可非议地指向城市贫穷人士，因为他们的栖身环境总是大多数人无法忍受的。然而，中产阶级也同样面临着住房危机。现在的中产阶级想要买到自己满意的房子越来越难。1970 年，能负担得起一套中等价位住房的家庭约占 50%，而到 1990 年却仅为 25%。[4]造成这种现象的原因很多，最显著的一个因素已在下图中清晰地体现出来。图中这个家庭的汽车占地面积和住宅占地面积不相上下，而这在郊区是很常见的景象。每位成年的家庭成员都必须开车才能做事，所以这样的局面是不可避免的，人们对住宅的负担能力也因此大受打击。

根据美国汽车协会的统计数字，即使只养一部福特 Escort（美国目前最便宜的汽车之一），平均每年也要花费 6000 美元。根据传统的房屋贷款利率来计算，这笔钱相当于 6 万美元的房屋购买力，也就是说，两辆车的消费就会取代一所比下图中还要好的起步房[①]。

这仅仅是理论数据而已，那些提供房屋抵押贷款的银行十分清楚汽车对购房

每间卧室对应两辆汽车：人们买了必备的汽车后，剩下来买房的钱就很少了。

---

① 该计算结果忽略了这样一个事实：绝大多数美国人都陷于铺天盖地的汽车广告冲击之下，这些广告宣扬着这样的观念——驾驶什么汽车就决定了你处于何种社会地位，并建议人们购买比福特 Escort 更贵的汽车。美国汽车制造商每年几乎要花费 400 亿美元用于促销。

者造成的负担。银行审查房贷申请时，会计算"后端比率"（back ratio），即从借款人的收入中扣除现有债务，这通常就是指汽车。很多人都知道，银行会让借款人将汽车卖掉，当然借款人会照办，把车卖给朋友，而贷款一旦到手再把车买回来。他们也必须把车买回来，因为在他们的生活环境里，没有车就寸步难行。由于认识到拥有多辆汽车的状况给人们带来的经济负担，现在又出现了一种新的贷款项目——"用地效率贷款"（Location-efficient mortgage），为在方便步行的邻里社区购买房屋的贷款人提供一些特殊条款的支持[1]。

　　中产阶级的住房危机并非新生事物，当前也有很多设计方法正致力于使独立住宅变得更加经济适用，住宅产业和历代建筑师们都在为此而努力。但是，所有用来节约成本的聪明办法，诸如塑料的管道、中空的门、单薄的墙体、乙烯基的土层等，它们所节省的资金加起来都不及减少一辆汽车所节省费用的一半。因此，这已经不是一个单纯的建筑设计问题了，而是社区规划的问题。只要我们还继续建造那些步行、自行车和公共交通都无用武之地的场所，中产阶级的住房危机就会继续加剧。

---

[1] 目前芝加哥、西雅图和洛杉矶提供这种房屋贷款。时任副总统 Albert Gore 将这一想法扩大到全国范围，他创立了一项拥有 1 亿美元的 Fannie Mae 项目，向在交通沿线购房的家庭发放更高的贷款金额。除贷款外，这些家庭还可获得 30 年有效的交通票。

第四章
社会的实体建设

导致社会衰落的环境因素

驾车者与步行者

街道生活的四个先决条件

一个国家的历史不过就是其乡村历史的放大。

——Woodrow Wilson（1990）

导致社会衰落的环境因素

近年来的评论文章记录着美国城市生活的衰落。从 Richard Sennett 的代表作《再会吧！公众人》（*The Fall of Public Man*），到 Christopher Lasch 的最后著作《精英的反抗与民主的背弃》（*The Revolt of the Elites and the Betrayal of Democracy*），许许多多的书都在呼吁人们重视这样一个问题：社会似乎正在朝一个不健康的方向发展。美国社会正在分裂成一个个孤立的小集团，而每个集团各自关注的领域越来越狭隘，从不考虑社会整体的利益得失。更多的市民正在退出公共生活领域而蜗居在家，电视和电脑成了他们接触世界的主要途径。这样很难实现社会的健康发展。

造成这种状况的因素有很多，我们应避免对某些片面问题的过度关注，但是，物质环境的变化在社会衰落进程中扮演的重要角色却值得我们仔细研究。显然，如果没有供人们聚会、聊天的场所，就无法形成社区。就像没有住所的家不能称之为"家"，没有城市广场或地方酒吧的社区也不能称之为"社区"一样。Christopher Lasch 观察到，"市民生活需要人与人平等相处的场所。从政治团体到公园，乃至其他非正式的聚会场所，所有的城市公共空间都在衰退，于是人与人的交往几乎成了和知识生产一样的专业事物①。"在缺少步行空间——如街道、广场、公园等公共领域——的情况下，不同年龄、种族和信仰的人们很难有机会彼此相遇和交谈。有些人认为互联网上的网站和聊天室能有效地代替公共空间，但他们严重低估了电脑显示器和真实人体的区别。

在郊区，人们过去在公共领域度过的时间，现在却被消磨在一个既是私人空间、又是潜在的反社会的空间里，那就是汽车。一个普通的美国人，在他坐到汽车方向盘后的那一刻起，就不再是公民，而变成一名身为驾车者，你就不可能和邻居成为彼此了解并熟悉的朋友，因为你们之间主要是竞争关系。你们为路面空间展开争夺战，你在开车时稍一犹豫，或是一点错误的举动，你的邻居就会立刻向你示威：朝你按喇叭、抢你的位置、把车开到你的前面去，甚至其他一些粗暴行为都有可能发生，其中最为极端的例子都已被记录在案了。当人们为自己的各种无理、粗暴和挑衅的行为进行辩解时，开车已经成了和喝酒一样用烂了的借口——"他

---

① Christopher Lasch，《精英的反抗与民主的背弃》(*The Revolt of the Elites and the Betrayal of Democracy*)，117 页。抑或就像 Trevor Boddy 所补充的："宪法保障人们的言论、集合和结社自由，但如果没有一个充满活力的公共场所支持人们行使这些权利，那么这些权利基本上就是空谈。"[Boddy，"头上与脚下：建设雷同城市"("Underground and Overhead: Building the Analogous")，125 页]

一场意料之内的事件：开车成为人们病态行为的罪魁祸首。

抢了我的车道，简直让人忍无可忍！"就这样，社会契约被撕毁了。其背后的原因值得我们进一步研究。可以肯定地说：两个步行者经过对方时做出过激举动的情况是极为罕见的。

现在确实有很多文章在研究人们对汽车适应不良而引发的行为，相关数据也很多。最近，有一篇发表在《应用社会心理学报》（*Journal of Applied Social Psychology*）上的文章指出，如果有人在等一个车位，那么占用该车位的司机就会耗上比正常情况多 21% 的时间来腾空该车位，如果等候的司机按喇叭的话，让出车位的时间又会延长至 33%。[1] Jonathan Franzen 在《纽约人》杂志上说了另一个有趣的现象：

我是一个喜欢走路健身的人，在过去的几年里，当我在密苏里州（*Missouri*）郊区和科罗拉多州（*Colorado*）郊区走路健身时，我注意到一些奇怪的现象，为数不少的人（通常都是男性）在驾驶小汽车或 SUV 高速经过我身边时，都好像受到了震撼一样朝我喊脏话。很难理解他们这么做的原因……我猜大概他们朝我喊只是因为我是外地人，而且隔着汽车玻璃看到的我非常没有真实感，就像他们隔着电视屏幕看到的美式橄榄球赛中，那个放弃短场第四次进攻的教练没什么分别。[2]

更糟糕的情况是最近有记载的"路怒症"[①]（road rage disorder）。根据国家公路交通管理局的报告，美国公路上发生的撞车事件的 1/3 和死亡人数的 2/3 都是由野蛮驾驶造成的。"暴力而野蛮的驾驶"是造成美国 1996 年 2.8 万宗交通死亡案件的罪魁祸首[②]。我们不需要添油加醋地强调这个数字，因为我们每个人都曾亲历过这样的路怒事件，或是作为受害者，或是作为施害者，抑或兼而有之。研究表明，路怒现象与蔓延有直接关系。全美由于野蛮驾驶导致的交通死亡案件最多的五个城市依次是：圣伯纳迪诺（San bernardino），坦帕（Tampa），凤凰城（Phoenix），奥兰多（Orlando）和迈阿密（Miami），它们都是近年规划设计的郊区城市，排名第六至十位的城市也是一样[③]。

驾车者与步行者

为什么人们在步行的时候那么友善，至少不会做出那么多反社会的举动呢？也许，我们可以从 Jonathan Rose 的观察中找到答案："在街道上漫步时与人不期而遇的感觉，和开车彼此遭遇时的感受，显然是不同的。"[3]

人们在公共领域的绝大部分时间里，都是坐在与外隔绝的车内转来转去，因此社会评论家们所指出的人们在交谈、政治、甚至简单的相处等社会技能的退化也就不足为奇了。有些人认为郊区化仅仅是由于不适应而表现出的症状，而非导

---

① 路怒（Road Rage）是形容在交通阻塞情况下开车压力与挫折所导致的愤怒情绪。——译者

② James Carroll，"All the Rage in Massachusetts"，A14~A15 页。根据《美国新闻及世界报道》（U.S. News & World Report）中的文章，美国人野蛮驾驶的时间自 1990 年以来上升了 51%。（Jason Vest, Warren Cohen, Mike Tharp，"Road Rage"，28 页）

③ Michelle Garland, Christopher Bender，"交通决策对生活质量的恶劣影响"（"How Bad Transportation Decisions Affect the Quality of People's Lives"），7 页。"当人们不得不为处理每一件琐碎小事而开车时，开车就成了一件恨不得立刻完成的日常杂事。在这种情形下，有些人因……野蛮驾驶而丧命也就不足为奇了。"排名第六到十位的城市依次是：拉斯维加斯（Las Vegas），罗德岱堡（Fort Lauderdale），达拉斯（Dallas），堪萨斯城（Kansas City）和圣安东尼奥（San Antonio），它们全部都是郊区主导的城市。

致这种不适应的原因。但他们忽视了一点：我们的社会被分成郊区的一个个组团，在很大程度上是由于政府和相关产业的特殊政策所推动的，而不是出于民众的意愿。我们还是可以乐观地相信，只要环境再便利一点，美国人还是愿意花更多的时间来参与公共活动的。

迪士尼世界是一个很好的例子，大量的郊区居民都喜欢到那里去度假。为什么呢？就为了坐"太空飞船"吗？迪士尼的一位建筑师指出，游客们用来玩游戏和看表演的时间通常只有 3%，其余的绝大部分时间都用来享受在他们郊区家园严重匮乏的商品：惬意而便利的步行公共空间，以及这种环境氛围所促成的社交活动。

社交空间，现在几乎成了迪士尼公司和大型购物中心的开发商们的专利产品了，而在过去，它曾是城市建造者们（无论是古希腊的渔民，还是美国早期的观察家们）认为理应要做的事情。直到现代城市规划兴起以后，成功的公共环境建设才日渐衰落。在导致这种衰落的种种原因中，十分重要的一点就是：关于这些公共场所的建设规则过于简单。规划师们对于同他们专业实践相关的人口统计数据、经济学、统计学以及其他深奥的学问无比关心，但对于一些常识性的规律却不以为然。

街道生活的四个先决条件

有意义的目的地

第一条规则是：如果在步行可达的范围内没有值得一去的目的地，那么步行生活是不可能存在的。现代郊区不能满足这一条件，因为那里的郊区企图把所有的商业活动与住宅区截然分开。在住宅区偶尔能看到的几个零星的行人，都是靠走路锻炼身体的居民，除此以外，人们再无任何理由走在外面，街道也因此空空荡荡。

要创造一个成功的步行环境，除上述规则外，还有另外三个重要因素：第一，街道空间不仅要保障安全，更要让人从心里感到安全；第二，街道空间必须舒适；第三，街道空间必须有趣味，因为单凭安全性和舒适性是不足以让人们放弃汽车的。

下面我们分别探讨这三个要素。

安全的街道与危险的街道

现行街道设计规范所存在的问题，并不是工程师们忘了怎样使街道给人们带来安全感，而是他们根本没打算这么做。街道在过去为行人和车辆提供同等的便利，而现在的设计却仅仅致力于满足车辆的快速通行。事实上，街道已经沦为了交通的排污沟，难怪它无法支持步行生活了[①]。

为什么会这样呢？当然，20 世纪的汽车泛滥、人们对科技的盲目责任。正如 Le Corbusier 曾描述的："街道让我们感到厌倦。它根本就是令人反胃的东西。既然如此，为什么还让它继续存在？"[4] 但现代主义建筑师们修建园中楼的办法并没能中止街道的存在，而是建筑师再也不对它进行设计了。于是，街道设计被扔给了工程师，体现出来的也仅仅是一些工程技术上的规范而已。

在增加交通量，即"无阻碍交通"的愿望之下，街道越来越宽。通常老街巷的通行宽度不超过 9 英尺（约 2.75 米），而新建街道通常都要求保证 12 英尺（约 3.66 米）的宽度，这样一来，行人横穿道路的时间就被拉长了。"无阻碍交通"还有另一个名字——"高速"，这就更加剧了步行者的危险。

在美国拓宽街道的背后，还有另外两个重要因素。第一个是冷战，第二个就是（至今依然是）消防车的需要。冷战对美国的社会生活影响深远。在 20 世纪 50 年代，AASHTO[②]的民防委员会（Civil Defense Committee）在制订街道设计规范中起主导作用。它的要求非常明确：街道设计必须满足重大"核事件"发生时的前期疏散与后期清理工作的需求。在冷战时期，这一要求看上去十分重要，至于

---

① 不幸的是，这一比喻无论在文字上还是形象上都十分贴切。正如"地面运输 政策计划"（Surface Transportation Policy Project）所指出的，"那些因蔓延式开发而臭名昭著的城市，拥有最高的行人死亡率。"（Garland 和 Bender，4～5 页）"小心走路，并告诉你的孩子也这么做"这样的做法收效甚微。一项最新研究发现，在交通事故中导致行人死亡的案件中，有 90% 是由于驾车者的过失，而其中 74% 是由于违反交通规则。（地面运输政策计划，"Campaign Connection"，8 页）

② AASHTO 美国国家公路与运输协会（American Association of State Highway and Transportation Officials）的缩写。——译者

它会对街道行人的安全造成什么影响就没人去考虑了[①]。

在这样的大势之下，还是有些街道侥幸逃过了交通流量与冷战论的影响而未被加宽，然而它们最终还是在劫难逃一消防局为满足消防车辆的进出而要求必须加宽道路。消防局的新标准是：不惜一切代价缩短应急车辆的响应时间。其实主要是为了满足一个野心勃勃的操作需要：在尽端路上也能灵活操控云梯车。结果，就连郊区独立住宅门前的尽端路，通常也要修到 30 英尺（约 9.15 米）宽，而道路端头经常是一个直径 90 英尺（约 27.43 米）的沥青回车场。所有这些，都是为了让大型消防车在无需倒车的情况下能够轻松掉头[②]。我们的新城镇，为了应对那些极不可能发生的紧急事件，而被建成了非紧急状态下无法正常运作的样子。

当消防部门越俎代庖地充当起城市规划师的角色时，他们通常会犯两个错误。首先，他们片面地关注火灾发生时的施救，而不是全局的伤害预防；他们力图减少紧急状况时的反应时间，却没有考虑到为此而拓宽的道路会使人们开车更快，进而引发更多的交通事故。消防部门至今还没有意识到，在"生命安全"的大格局下，消防只是很小的一部分。生命安全的最大威胁不是火灾，而是意外事故，二者的威胁程度不可同日而语。事实上，在消防部门的应急出勤中绝大部分都和车祸有关，但让人吃惊的是，消防部门的长官们并未因此而反思他们过于关注反

---

① 出自职业工程师 Chester E.（Rick）Chellman，对 AASHTO 报告的研究。正如拿破仑时代的巴黎，街道设计很可能是出于对部队行动便利性的考虑。Chellman 先生敏锐地指出，建筑师们同样是沉湎于对战争年代的忧虑，想象中的空袭在他们设计未来城市的时候影响巨大。在国际现代建筑会议出版的《我们的城市能否存活》（Can Our Cities Survive）一书中，现代主义建筑师 Jose Luis Sert 坚持认为（这是正确的）："有些地区比其他地区更容易成为攻击目标。"基于欧洲老城一旦被轰炸会产生更大破坏性的考虑，"过度拥挤的建设是很难逃离轰炸命运的。"于是，Sert 和他的同事们开始倡导另外两种建设模式，也就是后来成为郊区城市主流模式的"独立住宅"和"园中楼"。（Sert，69 页）

② 避免使用倒车挡是由于最早的消防车设计是用倒车挡来操控喷水设备的。在倒车状态下，水泵就不能工作。但是，在现在的消防车设计中，倒车和喷水已经互不相干了。十分讽刺的是，尽端路本应是小巧的生活空间，却因为消防车的要求而被拓宽，当然也有一部分原因是在这种街道系统中，消防车要到任何一栋房子都只有一个出入口。在传统的网状街道系统中，消防车总能找到另一条到达火场的路，因此一辆消防车必须擦肩驶过另一辆的情况鲜有发生。遗憾的是，传统街道的这一优点在郊区土地区划法规中从未考虑过，于是在郊区，无论什么样的街道，都必须满足尽端路 30 英尺（约 9.15 米）宽的要求。

应时间的做法；如果他们真能有所反思，那么，窄小街道就会顺理成章地成为居住区的规范做法了。不可否认，宽阔的街道确实能让消防部门更快地到达他们协助引发的事故的现场。

消防部门犯的错误之二就是购买体型超大的消防卡车，这种卡车必须在极宽的道路上才能操作自如。有时是那些守旧的工会要求购买大型消防车，但更多时候是由于城镇政府希望在资金允许的范围内购买最高效的消防器材[1]。不幸的是，消防车效率的一部分就体现在它能否在第一时间到达火场。消防车一旦被买到手，就由服务者摇身一变而成了被服务者，除了造出极其浪费而且令人不悦的街道空间之外，它几乎毫无建树。当巨大的消防卡车被当作设计参照物时，人们别无选择，只能把街道拓宽到无法支持步行生活的程度。

和消防部门在道路宽度问题上意见相反的市民，应该将论据集中在对消防安全和生命安全的对比上，而且要用统计数据做后盾。最近，在科罗拉多的朗蒙特（Longmont, Colorado）的一项研究中，对一个宽窄街道兼有的居住社区在火灾和交通两方面的伤害情况进行了比较。研究发现，在超过 8 年的时间内，街道狭窄的区域中火灾伤害的危险都未见增加，主要是因为没有发生由火灾造成的人身伤害，唯一的一起严重火灾和几起小火灾都只导致了财产损失。而同样的 8 年中，该社区共发生了 227 起导致人身伤害的交通事故，其中 10 起造成死亡事件。这些意外事故与街道宽度有密切的关系，新建的 36 英尺（约 11 米）宽的街道与传统的 24 英尺（约 7.3 米）宽的街道相比，前者对行人的危险程度相当于后者的 4 倍[2]。

---

[1] 这种做法有可能是消防队长们在消防队长大会上相互攀比谁的消防车更大的结果。这些消防队长们不会去考虑他们的辖区是不是充斥着错层式的豪宅，他们只关心自己别在摆满梯子和吊钩的消防部门被人比下去。我们只能寄希望于女性消防长官的出现，希望她们最终能遏制这样的倾向。

[2] Peter Swift，"居住区街道的类型和伤害事故频率"（"Residential Street Typology and Injury Accident Frequency"），4 页。有趣的是，书中发现，除了人们在流量不大的情况下更容易超速驾驶外，交通流量并不是什么主要因素。毫不意外，最致命的街道正是最符合郊区建设理念的那些街道：笔直，长而宽，稀少的车流使车辆畅行无阻。

一个看到希望的城市：俄勒冈州的波特兰
（Portland, Oregon）推广其新型的（其实是传
统的）街道设计标准。

俄勒冈州的波特兰（Portland, Oregon）已经看清了宽阔街道所许诺的"安全"
其实是虚伪的。在当地消防局长的协助下，发起了一项崭新的、名为"街道瘦身"
的公众规划。该规划建议服务于居住区内部的新建街道，包括单侧路边停车在内，
总宽度只能为 20 英尺（约 6.1 米）。这些人性化的街道招来了不少批评，批评者
正是那些热衷散布恐惧心理的人，他们更希望强制执行那些再宽 10 英尺（约 3 米）
的街道设计规范。他们坚持认为这在数字上说不通——20 英尺宽的道路上，而且
路边还停着一排车，那么两辆行驶的车在会车时怎么错得开？"街道瘦身"规划
的发起人对此当然有理由相信，因为他们的衡量依据来自波特兰现有的街道，而
这些街道至今依然在最有价值的邻里社区中发挥着出色的作用。波特兰的消防部
门对于这一新规范虽然没什么狂热激情，但还是未加否认地接受了。

狭窄的街道是确保步行生活兴旺繁荣的必要因素，但并不是全部。转弯半径
和道路交叉口喇叭形展开的范围，都对步行生活有着重要的影响。右页上图中显
示的是过去的道路交叉口的样子：转弯半径只有 3 至 4 英尺（约 0.9 至 1.2 米），
因此，穿越这条 20 英尺（约 6.1 米）宽道路的人行横道长度也只有 20 英尺。而按
照现代的标准，转弯半径通常要达到 25 英尺（约 7.6 米）以上，也就意味着穿越
这条 20 英尺宽的道路实际要走的距离跃升至约 40 英尺（约 12.2 米）。更突出的
问题是，正如右页下图中所看到的，车辆在这样的路口转弯时根本不需减速。简
而言之，现代道路的转弯半径迫使人们在以前两倍车速的车流中行走以前两倍的
距离来穿越马路。

体现了步行关怀的街道形式：传统的小转弯半径可使车速慢下来，并缩短了人们横穿道路的距离。

居住社区内采用的公路形式：大尺度的转弯半径使行人横穿道路的距离和汽车行驶速度都增加了一倍。

　　类似情形也出现在街道设计的另一个方面，即道路中心线的最小半径，它是用来控制道路弯曲轨迹的弧度最陡可以到什么程度。现行标准下，街道的弯曲弧度十分宽松，其结果是驾车者只需一个手指搭着方向盘，一只脚踩着油门就可以在居住区里往来穿梭了。该设计的本意是让驾驶者能看到前方更远的范围，以确保行车更加安全，结果驾车者在这些路上开快车倒是轻松了，但步行者却陷入了更加危险的境地[①]。在道路设计中有关弯曲程度的问题上，例如转弯半径等，对驾车者最有利的因素对于步行者几乎都是不利的。

　　可能有人会想：工程师们建设这种街道这么多年了，也目睹了建设的后果，至少他们之中应该有一些人把方便步行和自行车的设计标准收录到施工手册中去吧。殊不知，一位美国杰出的土地细分式道路设计专家——Paul Box，当被问及怎

---

① 事实上，大多数交通宁静设施的设计都考虑到了这种情况。这些设施在过直过宽的道路上制造出比较局促的道路中心线最小半径，以迫使车辆的速度慢下来。

样的街道才能更好地服务于自行车交通时，他是这样说的："……土地细分原则的最终目的是为了提高安全性与宜居性。任何鼓励自行车交通的做法恐怕都不能实现这个目的[①]。"看来，我们真应该庆幸骑自行车还不算违法行为。

事实上，有很多工程师在心里都接受了更为合理的设计标准，只是在大多数情况下，他们无法将其付诸实践，这个障碍就是：工程手册。工程师在工作中面临着很大的责任风险。对他们而言，避免官司纠葛的最稳妥的办法就是完全遵照工程手册做事，不要问为什么。虽然各种证据都在倡导步行关怀的街道设计，但由于手册里没有关于这种街道的详细规定，因此当然也就无法建造出来了。

大多数市政当局在面对车辆超速问题时的反应不是质疑道路设计规范，而是简单地竖起理想车速的限速牌，于是就产生了一些十分荒谬可笑的场景。在犹他州的图勒郡（Toole, Utah），我们驾车行驶在 42 英尺（约 12.8 米）宽、限速 30 英里 / 小时（48.3 千米 / 小时）的笔直街道上。在这些街道上即使开到 65 英里 / 小时（104.6 千米 / 小时）都绰绰有余，因为这才是它们的设计车速，而我们也的确达到了这个速度，虽然是在一个十分安静的居住社区里。在高速公路上设置限速牌是徒劳无益的，因为人们是以自己感觉安全的速度开车，而青少年则是以他们感觉惊险刺激的速度开车。通常来说，现代郊区里的人们只在一种情况下不开快车，那就是在迷路的时候，但这种情况并不多见。

除了狭窄的街道外，能为步行者带来安全感的另一个因素就是路边的停车位。路边停靠的车辆可以在行车道与人行道之间形成一道非常有效的钢铁屏障，使步行者感到自己处于保护之中，不会受到车流伤害。路边停车还能使行驶中的车辆降低速度，因为驾车者必须时刻小心有车进出路边停车位。此外，路边停车还为

[①] Paul Box，交通工程顾问，职业工程师，美国交通工程师协会（I.T.E）研究员。Box 先生担任"土地细分居住区道路设计指导委员会"主席已经有数十年了，他的上述评论来自 1991 年 9 月回复该学会成员、职业工程师 Chester Chellman 的疑问的一封信。据《自行车》（Bicycling）杂志称，在过去 7 年中，美国骑自行车的人数下降了 23%（Peter T. Kilborn，"偷车贼面临失业：骑脚踏车的儿童减少了"，A21 页），这一现象与现行的居住区道路设计规范联系起来，就一点也不奇怪了。

人行道输送了大量人流，从而促进步行生活。由于驾车者很少能如愿地把车停在自己想去的地方，因此他们通常都要步行经过一些其他的商店或房屋。如果路边停车因为这个缘故而显得稍有不便，那也是一种使生活变得更有趣的小小不便。虽然在很多城镇都重新出现了路边停车，但这一形式在数十年间还是呈现下降的趋势，因为政府官员们（将路边树木作为"固定的潜在危险物"清除掉的那些官员）不赞同这种做法。有些州已经不把路边停车作为驾驶员考核的技能要求了。

作为汽车的排污管道的街道：形状如河道形态的公路阻断了步行的连接，也扼杀了步行生活。

作为复杂的、多用途的社会有机体的街道：一条林荫道，完美地容纳了行车、停车、步行和品咖啡等多种行为。

　　左上图清晰地显示出现行交通工程标准的优先关注对象发生了错位。该照片来自交通局年度报告的封面，因此我们不妨假设它代表了交通设计的最佳成果。图片的确体现出了某种成就：拜公路设计规范所赐，一条仅 4 车道的道路竟然占用了 150 英尺（约 45.7 米）的可通行宽度，并带来周边物业的贬值。由于公路上飞驰穿梭的车流，这个区域里永远只有最便宜的住宅和最不景气的行业，而且还躲在围墙、护堤和隔音屏的后面。

要想知道上述情形所造成的浪费，我们只需将其与街道设计的另一种方式——传统的林荫道进行对比（上页右图）。与令人生畏的4车道公路相比，这条林荫道却多达12个车道，其中6条用于行车，6条用于泊车。由于没有采用高速通行的几何式设计手法，这条道路是如此的舒适迷人，以致人们甘愿花大价钱在路边的咖啡店里品咖啡——这种场景在上页左边那张图中是不可能出现的。工程手册的普及和应用从没像现在如此影响至深。早在20世纪初期，几乎所有的道路建设都能使周边的物业升值，但是自1950年起，道路建设却经常带来负面影响。它们导致了道路周边环境的恶化，进而降低该地区的物业价值。

工程师们对手册的严格服从其实给我们带来了希望：我们无需说服他们从根本上反思设计方法，只需通过修改工程手册就可以改革这个行业。值得赞扬的是，由一批远见卓识的工程师组成的联盟正在从事这件工作。美国交通工程师协会最近刚编写完成了一本手册，名为《传统邻里社区开发中的街道设计准则》（*Traditional Neighborhood Development Street Design Guidelines*）。该手册允许建设比较狭窄的街道和比较紧凑的转弯空间，以及很多对现行设计标准的其他方面的修正，这在以前可都是不可思议的事情。当前，这些修正过的设计标准还仅仅作为非强制性的另一种选择而已[1]。显然，下一步就要在居住社区中禁用那些常规的满足高速通行的设计标准，这些标准只能用于区域间的长途公路设计，只有那才是它们的适宜之处。

在对行人的安全构成最大威胁的因素中，排在"快速行驶的汽车"之后的就是"犯罪行为"，这也正是人们在呼吁街道安全时内心所关注的问题。犯罪问题已经成为很多设计类书籍的话题，其中最具权威的经典之作依然当属 Oscar Newman

---

[1] 事实上，这些新选择大概只有一半的被选机会，因为美国交通工程师协会将其标注为"推荐方式"。市政工程师们依然持拒绝的态度，因为他们中的很多人仍旧相信道路越宽越安全。

所著的《可防卫空间》（*Defensible Space*）。在此我们很有必要对 Newman 先生的一个话题进行详细阐述，它正是适用于郊区的，即"街道之眼"（eyes on the street）的概念，这一字眼最初是由 Jane Jacobs 提出的[①]。

要防止罪案发生，必须有门窗开向街道的建筑物作为街道空间的守护。墙壁、围栏和挂锁对犯罪行为的威慑力，都不及简简单单的一扇亮着灯的窗户那么有效。有趣的是，并不需要有人站在窗前，因为窗户本身就暗示着家中有人、随时都可能有人在窗口出现。所以，充当"街道之眼"的其实是窗户，而不是屋子里的人。传统城市生活方式在这方面表现优异，因为建筑物都是紧靠人行道，并且直接面对着街道。即使是住宅内部的小胡同，也由于建在车库之上的祖母房而获得了有效的监督。

郊区通常都不能提供足够的街道监督。郊区的绝大多数集散路两侧根本没有面向道路的建筑物，相反，那里的房子都尽量远离道路，有的甚至藏在围墙后面。在典型的土地细分格局下，住宅通常只有宽大的车库门是朝向道路的。在这种不安全的环境之下，也就难怪郊区土地开发商们纷纷在住宅区周围筑起高墙、雇佣全职保安了。

郊区发展模式在其他一些方面也助长了犯罪事件的发生。单一用途的土地分区体系意味着有很多地方一天当中仅仅在某个特定时段是有人的。当居住区显然处于无人照看的时段时，各种不当行为就在此勃勃滋生了。此外，汽车在郊区的广泛使用也意味着人们极少会步行出门，而最让人没有安全感的事莫过于独自走在外面了。这就形成了恶性循环，街道越不安全，走的人就越少，而街道也就愈发不安全。

---

① 《可防卫空间》（*Defensible Space*）一书完成于 1969 年，书中很多观点都得到了很好的效验。这些观点后来被认可为一种新的理论，即 CPTED：以环境设计防止犯罪（Crime Prevention Through Environmental Design）。关于这一课题的更多信息可以在 Gerda Wekerle 和 Carolyn Whitzman 编著的《安全城市：规划、设计和管理指导原则》（*Safe Cities:Guidelines for Planning, Design and Management*）一书中找到，或者也可在肯塔基州路易斯维尔大学里的国家犯罪预防研究所进行查询。

舒适的街道与讨厌的街道

人们既不喜欢走在没有安全感的地方，也不喜欢走在感觉不舒适的地方，二者之间有些许不同。创造一个舒适的场所需要很多因素，但其中最重要的一点可能就是建筑的围合程度，也就是说能否让人感到自己被包容在一个空间中。人们对围合感的渴望源自很多因素，其中包括人类最基本的寻求庇护感、方向感以及领域感的需求。不论出于哪种因素，人们总是喜欢那些边界清晰、出口少的场所；反之，当人们处于缺乏明确的空间限定或边界的地方，就会急于逃离那里①。基于这个原因，要设计出成功的城市空间，最有效的手段就是把它看作室外的起居室②。若要使街道感觉像是室内，就需要有相对连续的墙体。这些墙体的设计可以使人们体会到该街道是一个空间整体，而非各自独立的建筑。也就是说，街道两侧的墙体必须基本保持平直而简单。

不幸的是，数十年来建筑师们都在恪守这样的准则：建筑墙体不能平直且简单。他们所接受的教育是只要资金允许，就要使墙体尽量高低不齐、前后错动，这样每栋建筑都能作为独立个体而突显出来。然而，就像右页上面这张图片中所显示的，这种突显个性的设计成果其实在提醒着居民们这里有多少栋一模一样的房子。更重要的一点，参差不齐的墙面严重地破坏了其面前的公共空间的围合感，难怪住在这里的人们一关掉汽车引擎就迅速逃回自己家中。

右页两张图片中的房屋大致相同，二者基本上拥有一样的住房单元面积、一样质量的柏油路面、一样的汽车、甚至一样灰色的天空。但下面图片中的住宅却

---

① 现代住宅项目的令人失望的表现已经反复证明了这一点。那里的公共领域是由连续的景观用地和道路组成，这些缺乏几何限定的空间让居民们很难产生拥有感，它们既得不到适当的使用，甚至也根本没人使用，结果就成了缺乏维护的废弃空间。

② Camillo Sitte 的著作《城市建设艺术 – 遵循艺术原则进行城市建设》（*The Art of Building Cities: City Planning According to Artistic Principles*）有效地列举了涵盖全部城市空间类型的设计方法。社会学家近来开始意识到街道空间对于社会形成的重要性。最近一项关于人类行为和实体环境之间关系的研究指出，从家庭到邻里社区的不同社会层次，正是通过所谓"正面街区"实现的，其实简单地说就是共享的街道。

加利福尼亚的建筑错动景象：波浪状的墙体导致了
令人不愉快的公共空间。

作为另一种选择的传统式布局：乔治敦平直的街道
墙体创造出一种极具吸引力的空间围合感。

比上面的贵3至4倍，这还是在输电线路不稳定、管道老化、停车不便（居民们
如果能在看得到自家房子的范围内找到停车位，就觉得非常幸运了）等情况下的
价钱。为什么乔治敦（Georgetown）的居民们愿意花高价住在这里呢？正是由于
这里有优质的"场所感"。连续而齐平的建筑墙体，加上和谐而宁静的建筑形态，
创造出一种围合感与舒适感，这是郊区不具备的。

这并不是单纯的学术概念了。当美国人民宁愿多掏三倍的价钱去购买同样的
商品时，开发商们可就要注意了。经过这一对比，最令开发商气恼的一点就是：
其实那些更讨人喜欢的建设反而花费更少。连续的墙体、更少的转角以及简单的
屋顶轮廓线，这样的建筑显然比那些个性张扬的对手们省钱得多。

高端住宅市场的建造者们，在住宅设计过程中似乎也走进了同样的误区。下
页图片中就是以"北达拉斯特价房"（North Dallas Special）的名号为人所知的，
它还有个理性一些的称谓——"类固醇房屋"。尽管这套住宅看上去很像卡通漫
画中的形象——各式各样的窗户、极其精致的做工——但它只不过是代表着奢华

北达拉斯特价房：一幢房屋却企图创造出整个村庄的天际线，这样的房子只适合孤立存在。

的行业标准。实际上，该设计手法目的明确：把资金集中用来建造画蛇添足的墙体转角、模仿夸张的传统符号，并美其名曰营造"路边吸引力"。只有具备物理学博士头衔的人才有能力装配出这样烦琐的屋顶，但又何妨；这种技术是开发商们从住宅建设大会上学来的，房地产经纪人们称之为"20分钟住宅"。

"20分钟住宅"这个称呼虽然有点奇怪，但绝无贬义。恰恰相反，它所针对的是这样一个真实现象：每栋住宅只有20分钟时间来赢得潜在购房者的青睐，因为这就是房地产经纪人在每栋住宅中停留的平均时长。为了应对这一现象，住宅业纷纷致力于开发能在前20分钟打动来访者的产品。很显然，整栋房子都是围绕着一个"巨大的房间"布置的，当购房者一走进这个房间，就会惊讶地发现其他所有房间都可以被尽收眼底。这种布局的缺点是每个房间都不隔音，而这一点只有当主人搬进去以后才能体会得到。同样的，由于大量资金都被用于房屋正面（其实对街道空间造成了极大破坏），因此房屋背后就只好装几扇平平的玻璃滑门草草了事，这样一来后院也就谈不上什么私密性了。走出后门，你就会发现自己完全曝露在大风吹扫的空地上，曝露在另外五栋一模一样的房子的视野中[1]。

如果一栋住宅的设计不仅仅是为了满足人们20分钟使用的话，那它就应该是这个样子的：简洁的正立面，少许装饰，建筑的美感主要源自和谐的比例。虽然

---

[1] 后院私密性的缺乏在很大程度上造成了郊区对大块土地的追求。对缺乏良好边界形态的后院而言，只能靠大面积来保障私密性。如果用地不够大的话，这种办法当然也就无从谈起了。

五加四间房及一扇门：传统立面的简洁告诉人们还有一个更大的社区存在。多样性体现在许多建筑间，而非一栋建筑上。

这样的设计需要建筑师花费更多精力，但能取得非常令人满意的结果。例如一排城市住宅，简单而平齐的正立面不但可以提高街道空间质量，而且人们还可以用省下的钱在后院一展才华：建厢房、修过道等。这些"后部建筑"又将后院围合成庭院，这样一来，即使在很小的地块里，也能创造出优质的私密空间。

　　相对连续且平齐的沿街墙体是创造舒适感的许多前提条件之一，现在我们要讲的另一个条件就是：有限的街道空间宽度。若要在街道上创造出步行者渴望的围合感——置身室内的感觉——街道就不能过宽。准确地说，街道宽度与围合物高度之间的比例关系不能超出特定值，通常人们所认可的约为6:1。如果街道两侧建筑正立面之间的距离超出其高度的6倍，围合感就消失了，场所感也随之消失。其实，与很多成功案例相比，6:1这个指标还是宽了，许多理论家认为最佳比例应该是1:1，超出6:1的街道无法吸引步行生活产生[1]。

　　这个公式对于善于观察的旅游者来说并不奇怪，当他们描述美国老城的步行街时，毫无疑问，很多人都会在一句话里同时用到"狭窄"和"诱人"两个字眼。无论蒙特利尔的老城（Montreal's Old Town），还是波士顿的比根山（Boston's Beacon Hill），抑或费城的艾尔弗兰斯巷（Elfreth's Alley in Philadelphia），最窄

---

[1] 在高密度的市中心地区，高楼林立、街道狭窄。在这种环境中，人们有理由担心如果不放宽街道的宽高比例会造成黑暗和不舒适的街道空间。要缓解这一局面，最有效的途径可以像曼哈顿以前的日照法规中要求的，让建筑物从底部紧贴人行道的形式后退成为上部瘦削的塔楼形式。

的街道也就是最受游客和居民钟爱的地方。事实上，一些数据也显示出，物业价值与街道宽度成反比。也就是说，空间和沥青的浪费越少，房地产反而越值钱。这也清楚地显示出传统城市生活在本质上的经济典雅，正因为那个时代的美国人不像现在这样出奇地富有，他们必须精打细算地使用资源。

从下面第二张图中我们就能找到效率低下的实例，这条街道就是同乡弗吉尼亚州郊区集合式住宅区的标准式集散道路。该道路的宽度可容纳 8 辆汽车并排行驶，宽得就像个停车场。如果抛开我们有限的自然资源与财政资源的话，这倒是一条真正可以应对核攻击的道路。即使两边摆上建筑物（实际上没有，因为那样徒增浪费），街道空间的比例也还是远远大于 6:1。

狭窄街道的魅力：有悖常理的是，花在过度的基础设施上的钱越少，房地产的价值就越高。

为应对大灾变故的设计：昂贵的基础设施建设仅仅为了满足在极为夸张的紧急情况下车辆的需求。

关于这一规则有一点需要说明，那就是树木所扮演的角色。即使是在一些老的邻里社区，人们要恪守上述比例也可能遇到困难，因为他们总是希望房子矮一点，而前院的进深大一点。当街道两侧的建筑又矮又相隔甚远时，人们就必须采用沿街栽种树木的办法了。这些树木不仅仅起到装饰作用，更重要的是它们可以在建筑无法限定空间的情况下担当这一重任。它们在收束空间的同时，提供了一道天然顶盖，从而为步行者创造出围合感与舒适感。天气比较热的时候，茂密的树木还能提供荫凉。如果您对此还有怀疑的话，只需在自己的城镇里四处逛逛，就会发现那些拥有健康的行道树的邻里社区深受好评，而那些只有零星树木的社区则是人们恨不能马上离开的地方。

　　这种相互关系清楚地表明了什么是景观建筑师的首要任务：他们要修正其他专业的人在创造舒适街道方面的失败之处。而遗憾的是，大多数景观建筑师恰恰没能尽到这个职责。他们所做的不过是些美化修饰的工作。例如设计一些能入画的、能上镜的、成团成片的、形态各异的花草树木，簇拥在入口大门周围。直线型不断重复的树列虽然长成以后会很美，但在图纸上却显得十分枯燥，所以被那些喜欢效仿自然景观的设计师们弃置一旁。景观建设的资金，不但没有起到必要的补救作用，反而浪费在尝试给人们灌输这样的印象：野外的土地莫名其妙地跑进土地细分式的用地中来了。这就解释了为什么一个项目的各项资金中首先被删减的

以树木作为围合物：整齐有序的树列弥补了街道过宽的不足。

景观建筑师成了室外装饰师：追求"自然主义"的植物布置并不能限定街道空间。

行人变成了冒险家：工程师们为城市生活注入了富有刺激性的挑战项目。

总是景观设计这部分，以及为什么景观建筑师总是抱怨客户不把他们放在眼里。他们没有履行自己 的基本职责——弥补城市空间的缺陷，协调建筑立面与人行道、街道的关系——他们完全变成了室外装饰师。

最后一点，可能也是最明显的一点：如果行人被街道上的一些具有伤害性的设施所累——就像上图中这 18 英寸（约 0.5 米）高的路缘石——那么该街道就绝不舒适。路缘石的倒角半径做得这么大，这种情况只有当公共领域设计交给非设计专业的技术人员时才会发生，他们根本不关心行人走路时是否方便。图中的案例位于坦帕（Tampa）市区，怎样有利于地表水的排泄才是决定街道形态的重要因素。我要再次申明：根本的问题并不是怎样设计服务于步行者的公共领域，而是有没有人重视这样去做。

有趣的街道与枯燥的街道

下页上图中显示的是位于佛罗里达州棕榈滩郡（Palm Beach County, Florida）的一个成功的、不乏美观性的土地细分式住宅区中的典型街道景观。该开发项目中的这些建筑还是说得过去的，景观也很优美，街道宁静而安全，但是居民们为什么还要驱车到健身俱乐部去用跑步机呢？或许，健身俱乐部墙上的大镜子比起绵延 20 个街区的车库门来，更有娱乐价值吧。

若想鼓励人们步行，邻里社区就必须富有趣味：并不是要有趣至极，而是要足以传达出人类活动的信息。人们最感兴趣的莫过于自己以外的其他人，如果一幢建筑物不能传达出有人存在的讯息，它就无法取悦、吸引路人。这就是该图片

车库的城市：郊区的典型场景，即由车库作为建筑正面的主导元素。

人的城市：将车库移到背后，使建筑正面体现出有人居住的状态。

缺少趣味的原因，它所传达的信息并不是"有人住在这里"，而是"车辆住在这里"。

上面第二张图中的住宅位于佛罗里达州的斯图尔特市（Stuart, Florida），它并不是一个技术精良的建筑作品。它既不古老也不现代，百叶窗的尺寸不够恰当，甚至整个比例都有些失调。然而看着它却是一种享受，因为这栋房子透露出来的一切信息都与人们的活动有关。它紧临街道，并且向前开窗，使人感觉到房子里主人的存在。四周的围栏与其说是不友好的屏障，倒不如说它体现了主人对围合起来的这个小院的珍爱之情。由于车库被移到了建筑背面——在这个案例中是移到了后面的巷子里——因此入口处的小门廊虽说规模不大，却起着统率全局的作用。

这两幅图的差别，并不在于建筑设计上的欠缺，而是规划中的疏漏：在一块面宽 50 英尺（约 15.25 米）的用地上，再天才的建筑师面对建筑立面的 2/3 必须用作车库门的规定也无计可施。如果用地再窄一些，情况就更棘手了。建在狭小地块上的房屋，要想摆脱车库美学的负担，唯一办法就是把车库挪到用地背面去，

肯特兰的一条后巷：这里才是车库门与垃圾桶应该待的地方。

进出屋后车库的最便捷路径就是穿过后街或者后巷。在老社区居住过的人们，大多数都对后巷十分熟悉，这一形式为许多地方的美化事业作出了卓越贡献，例如萨凡纳（Savannah）、波士顿的后湾（Boston's Back Bay）以及许多建于 20 世纪初期的郊区邻里社区。

后巷常常由于不够整洁而遭到批评，其实这正式它的本质特点：它就是一切凌乱物品的堆放处。大到车库门，小至垃圾桶、变压器、电表以及电话设施，都被后巷从公众视野中移开了，特别是随着废品回收箱和有线电视接收盒的出现，后巷的作用就更加重要了[1]。此外，后巷还容纳了邻里社区的许多地下设施，这样街道就可以修得更窄一些，还可以种植树木。否则，如果把给水管、污水管、燃气管、电力、有线电视和电话等各种设施都布置在建筑面前的主要道路上，那么这些做法就难以实现了。后巷也颇受消防长官们喜欢，因为它为消防车提供了另一条可进入火场的途径。后巷还为直接进出祖母房提供便利，同时，住在那里的人也因此而能拥有一个独立的通讯地址。

和狭窄的街道一样，后巷在郊区也经常被视为违规建设，所以当人们再度采用这种形式时必须十分小心谨慎，有时甚至要秘密行事。我们第一次设计一个带

---

[1] 当然，尽管郊区生活的许多必需品都藏在后巷里，它也不应该成为肮脏之地。在比较老的郊区，例如巴尔的摩的罗兰公园（Baltimore's Roland Park），后巷是人们所钟爱的、夹在后院之间的步行通道，而且成了社交中心。在肯特兰（Kentlands），居民们甚至成立了"后巷美化委员会"，专门从事花卉种植活动。

后巷的邻里社区时，为了获得当局的批准，被迫把后巷称为"缓跑小径"。

在新建的土地细分式住宅区里，除了车库门的负面影响外，还经常由于缺乏多样性而无法促成步行活动的产生。从一个地块到另一个地块，相同的住宅形式无休止地重复着，这就使步行彻底失去了价值。正如 Jane Jacobs 所说的："几乎没人愿意在千篇一律、不断重复的环境里行走，即使并不耗费太大体力，也不愿意。"[5] 为了解决这种"饼干模子"的状况，前面已经提到了，我们应该打破多年来的禁锢，让不同大小、不同形态的建筑彼此共存。我们可以盼望那些混合多种住宅类型的新建邻里社区能够获得经济上的成功，并最终击败那些故步自封的常规的隔离主义模式。

值得重申的是：我们塑造城市，接着城市又反过来塑造我们。我们要做出抉择：是建造一个有损人类精神的土地细分格局，还是建造一个能够促进社交活动和提升人性优点的邻里社区呢？如果你希望建设值得关注的场所，那么关于第二种抉择的技术方法既是众所周知的，也是唾手可得的。

第五章
美国交通的混乱

没有公路的城镇与没有城镇的公路

为什么道路越拓宽而交通越糟糕

汽车补贴

在汽车依赖达到顶峰的时期，一位动物学家观察到，动物群体过度的活动性是痛苦忧虑的确凿表现，并由此提出人类是否也是如此？也许是因为痛苦忧虑吧……但历史学家们又怎么能一一列举出是哪些原因驱使 20 世纪的人们从公路飞奔到小路、又从隧道飞奔到桥梁呢？人们好像没完没了地从一个不想去的地方奔向另一个不想待的地方，其实这样说也就够了。

——Percival Goodman，《同感》（*Communitas*）（1960）

要使我们的邻里社区变得更适宜居住，首要的一步就是要依据步行生活的需要重新设计街道与道路，但在这里还有个更重要的问题必须要指出：那就是美国的交通规划方法从根本上就走入了歧途。居住模式对于交通系统的依赖性是最强的,因此根本不能将二者割裂对待①。全国高效的物流系统的确让我们受益不少——谁也不愿意排着队在货架空空的商店外等待——但这些好处无法弥补交通政策对城市与乡村造成的破坏。这样的破坏其实早就被预见到了,我们一直以来都心知肚明。早在 1940 年,一些要求以社会的健康发展为目标来管理交通网络发展的规则就已经广为人知了,它们被广泛地认可并传播,但又被迅速地遗忘了②。

没有公路的城镇与没有城镇的公路

下页的示意图显示了这些规则的显著特点,以及违反该规则的做法。该图比其他任何图表都更能体现出战后美国城市规划的失败,也有助于解释美国为何会面临城市与环境的双重危机。该图的上半部分展现的是高速公路与居民点的正确关系。公路连接着城市,但并不穿越它们。美国州际公路系统幕后的预言家 Norman Bel Geddes 早在 1939 年就宣称:"绝不能允许高速公路侵犯到城市。"在高速公路与城市相接的出入口,必须采用降低车速式几何设计的林荫道。作为回报,城市也不能在公路沿线发展。当高速公路穿越农村地区时,路边是不允许开发建设的。这些规则所产生的效果在西欧显而易见:城市基本上保持了步行友好的生活品质,而公路也通常能让人欣赏到连续的乡村景色。

然而,我们的国家竟然允许与此规则完全相悖的事情发生。在同一张示意图

---

① 一些关于土地使用与交通之间关系的十分有价值的文献,源于华盛顿出版的《地面交通政策项目》(*Surface Transportation Policy Project*),以及 LUTRAQ,即"土地利用,交通和空气质量"("Making the Land Use, Transportation, Air Quality Connection"),这是由一个名为"俄勒冈 1000 个朋友"(1000 Friends of Oregon)的组织发起的一项国家示范工程,该项目将公路和运输系统的投入与收益进行了比较。

② 其实,那些很好的交通规划方法并不是真的被遗忘了,它们只是由于政府为满足汽车业、石油业以及道路建设业的需求而被否决了。有充足的记录表明,这些产业在 20 世纪中期的时候,对联邦政府还没有如此巨大的影响力,而现在它们简直就是联邦政府。Jim Kunstler 的记录中提到,艾森豪威尔总统的公路政策委员会主席就是通用汽车公司的董事。[James Howard Kunstler,《海市蜃楼地理学》(*The Geography of Nowhere*,106 页]

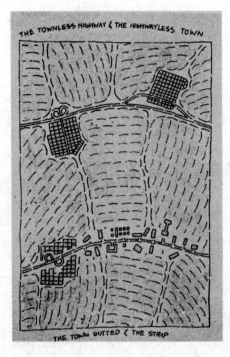

被遗忘的智慧：公路与城镇之间关系的正确方式与错误方式（Thomas E. Low 绘制，DPZ 公司）。

的下半部分，一条公路直截了当地穿越了我们的城市中心，毁掉了整个邻里社区——通常都是黑人居住的社区——并且将市区切割成若干小块①。与此同时，带状商业就像寄生虫一样在城市之间的公路沿线滋生起来，既妨碍了交通，又扼杀了乡村的发展。危害还不止于此，因为我们明知后果严重，却依然允许这样的事情发生②。一个错误，到底要达到多么明显、多么严重的后果，才能引起关注并

---

① 非常讽刺的是，50 年代的这些联邦公路规划师们在市内的邻里社区的建设项目需要大城市的市长们支持，而这些市长则希望国家的公路建设资金能用在自己的辖区内。其结果就是，1956 年联邦公路资助法案被重新修订，为的是能包含超过 6000 英里（约 9656 千米）的城市免费高速公路 [Witold Rybczynski，《城市生活》160～161 页]。这种状况还会一直存在，因为地方政府不愿放弃来自联邦政府或州政府的任何一点钱，恨不得每建一条路都由别人来买单。

② 由于大量依附公路交叉口的商业中心都出现了严重的交通拥堵问题，因此在它们的外围出现了一种新生事物——旁路（bypath）。我们不禁会联想，现在公路交叉口服务的这些购物中心，会不会像当年被它们取代的市中心商业区一样走向没落，因为在新的环路边修建的大盒子式商场将会把交通进一步向外吸引。

得到改正呢？ Jane Jacobs 似乎在《美国大城市的死与生》（*The Death and Life of Great American Cities*）一书中回答了这个问题："规划中的伪科学简直像个神经质一般固执地效仿经验的失败却无视经验的成功。"[1]

为什么道路越拓宽而交通越糟糕

与公路如何设置和管理相比，还有一个更深刻的问题，那就是我们究竟为什么还要修建公路？事实明摆着：无论是修建更多的公路，还是拓宽现有道路，这些为了解决交通拥挤而采用的办法，实际上却毫无建树。而从长远来看，这样做其实是增加了交通拥堵。这个真相显然是违反直觉的，因此有必要再重复一遍：增加车行道会使交通恶化。早在 1942 年，Robert Moses 就指出了这种自相矛盾性，他注意到自己 1939 年在纽约市周边修建的公路比之前原有的道路制造出更多的交通问题。从那时起，这种现象就开始有文献记录了。其中最引人注意的当 1989 年南加州政府协会做出的结论：交通协助措施——无论是增加车行道，还是修建双层道路——对于解决洛杉矶地区的交通问题都只是表面功夫。最好的解决办法就是让人们在离家近的地方工作，但这恰恰与公路建设的初衷相违背。

大西洋彼岸的英国政府，也得出了相似的结论。他们的研究显示，交通能力的增加导致了驾车人数的增加——后者甚至增加得还更多些——这样一来，从短期看，新建道路所预期节省的行车时间，有一半都将化为乌有，而从长期来看，很可能一点时间都节省不下来。正如交通部长所说的："事实上，建造更多道路的办法是无法解决交通问题的。"[2] 发现了这一点后，英国开始大幅度削减道路建设预算，而美国却没有采取任何行动。

我们并不缺少这方面的数据。加州大学伯克利分校（University of California at Berkeley）最近进行了一项研究，分析了加州的 30 个郡在 1973—1990 年间的情况，结果发现道路容量每增加 10%，随后四年中的交通量就会增加 9%。[3] 如果您想要一些观察性的证据，不妨看看那些拥有昂贵的新型公路系统的城市的出行模式。《今日美国》（C/SA Today）对亚特兰大（Atlanta）进行了跟踪报道：
"多年来，亚特兰大一直试图通过增加公路的方式来解决交通问题，该市的人
均公路拥有量在全美仅次于堪萨斯城（Kansas City）……而这种地区蔓延的结果
就是：现在亚特兰大人每天平均驾车35英里（约56千米），比其他任何城市
的居民都要多[1]。"这种现象，交通业的人士已经十分熟悉了（只要他们愿意承认）
被称为"诱增交通（induced traffic）"。

在交通工程师群体中广为流行的一句谚语，精彩地解释了诱增交通背后的作
用机制："试图用增加道路容量的方式来治理交通堵塞，就好像用放松腰带来治
疗肥胖症一样。"不断增加的交通容量使长途出行不再那么痛苦了，于是人们就
愿意住到离工作场所更远些的地方。随着越来越多的人这样做，长途出行也变得
和在市区一样拥挤，出行者便大声疾呼着要求更多的路面，这个循环就这样不断
重复下去。新建道路的分级组织方式又使问题更加复杂化，它要求交通尽可能地
集中在少数的道路上。

诱增交通的作用原理是可以逆向操作的。NYDOT[2]的研究表明，在1973年
纽约西线公路坍塌后消失的车流中，有93%再没有出现在其他任何地方：人们只
是不再开车了。1989年旧金山市大地震摧毁了Embarcadero高速公路以后，也出
现了类似情形。尽管交通工程师们发出了世界末日一般的警告，市民们仍然投票
决定彻底拆除这条高速公路。令人惊讶的是，英国一项近期的研究发现，拆除市
区内的一些道路能够振兴地方经济，而新建道路则会提高城市失业率。所谓道路

---

[1] Carol Jouzatis，"3900万人工作、生活在市中心之外"（39 Million People Work, Live
Outside City Centers"），2A页。亚特兰大市大举兴建公路的结果就是，该市成为近地面臭氧浓度超
出联邦标准最严重的地区之一，这主要就是由于汽车尾气造成的。[Kevin Sack，"州长对亚特兰大市蔓
延问题补救措施的建议"（"Governor Proposes Remedy for Atlanta Sprawl"），A14页]
[2] NYDOT是"New York Department of Transportation"的缩写，即"纽约交通局"。——译者

建设可以振兴经济云云，这些话就到此为止吧。①

　　如果要负责任地讨论交通问题，那么首先必须明白一点：驾车者每天所经受的并强烈抱怨的交通堵塞程度，和他们愿意继续开车的情绪一样高。否则，他们早就调整自己的行动了，要么搬家，要么合伙用车，还可以乘公交车，甚至可以干脆待在家里。道路的拥挤程度体现了人们渴望开车和厌烦拥堵之间的一种平衡状态。由于人们心甘情愿地去无条件忍受交通带来的不便，而不去寻找其他出路（除了大声疾呼修建更多公路以外），因此所有繁忙道路的平衡状态就是走走停停的交通。现在已经不是再需要多少行车道才能缓解交通堵塞的问题了，而是你还想要多少条堵塞的行车道。在汽车摩肩接踵的高峰时段，你希望这条路是 4 车道，还是 16 车道呢？

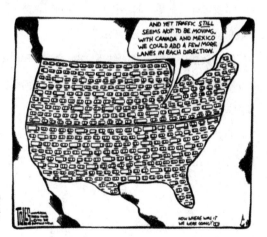

增加车行道就等于增加交通量。诱增交通虽然已得到充分的证实，但它对交通政策的影响却微乎其微。

---

① Jill Kruse，"移走它，它们就会消失"（"Remove it and Tey will Disappear"），5 页，7 页。这项研究分析了全世界 60 个道路关闭的案例，发现有 20% ~ 60% 的车流就此消失，而且没在别处出现。

这种状况可以用专家们所说的"潜在需求"作为最佳解释。既然真正限制开车的是交通，而不是费用，人们自然就想在交通不繁忙的时候多开车出行。潜在车流的数量十分庞大——约为现有交通量的 30%。正是由于这种潜在需求的存在，增加车行道的做法就徒劳无益了，驾车者分明已经摆开阵势去吞没所有车行道了。[4]

虽然饱经事故的交通工程师们对诱增交通这个令人困扰的事实了然于胸，但根本没有人去宣传它，所以实际上它还是个秘密。交通顾问们使用的电脑模型根本没考虑过这个问题，绝大多数地方公共事务的长官们甚至从未听说过它。其结果就是，从缅因州（Main）到夏威夷（Hawaii），无论市级、郡级甚至州级的工程部门，仍然还在根据预期的交通增量不断新建道路，与此同时，很明显的，他们也在不断地制造出新的交通量。这种状况最恼人的一点就是，这些道路修建者们从来没被证明是错误的；事实上，他们倒总被证明是对的。"你们瞧，"他们说，"我早就说过交通量会增加吧！"

这种做法会导致混乱的结果。在过去若干年中，花在道路建设上的数以亿计的资金，几乎只成就了一件事，那就是增加了我们每天耗在车上的时间。现在的美国人每年的驾驶路程，比 20 年前增加了一倍。

自从 1969 年以来，人们驾驶里程的增长率是人口增长率的四倍[①]。而这还仅仅是个开始：联邦公路局的官员预测，20 年后的交通拥堵程度将达到现在的四倍。

---

① Jane Holtz Kay，《沥青国度》，15 页；Peter Calthorpe，《下一个美国大都市》（*The Next American Metropolis*），27 页。自 1983 年以来，人们驾驶里程的增长率是全国人口增长率的八倍（城市土地协会交通研究）。汽车使用量增长最快的地区，也就是蔓延最集中的地区。凤凰城和休斯敦每年的人均汽油消耗量比芝加哥和华盛顿高 50%，比伦敦和东京高 500% [Peter Newman 和 Jeff Kenworthy，《赢回城市》（*Winning Back the Cities*），9 页]。目前几乎 70% 的城市高速公路在交通高峰期都是堵塞的 [Jeson Vest, Warren Cohen, Mike Tharp，"道路狂暴"（"Road Rage"），28 页]。在洛杉矶，交通阻塞已经使高速公路的平均车速降至 31mph（约 49.91 千米／小时）；预计到 2010 年，车速将进一步降至 11mph（约 17.71 千米／小时）[James Mackenzie, Roger Dower, Donald Chen，《现行比率》（*The Going Rate*），17 页]。

然而，似乎每一位国会议员，仍然希望再多建一条公路作为自己的政绩①。

除了修建道路之外的其他选择现在终于出现了，但是，它们同样走入了歧途。有一点是显而易见的：如果人们已经与尚可忍受的交通之间达成一种平衡状态，那么交通工程师们又何必浪费自己的精力和我们纳税人的钱财，去建造一整套全新的、仅能短期发挥作用的应急措施呢？诸如高承载车道、交通拥挤收费、定时交通信号灯以及智能街道等，这些设施都仅仅致力于公路通行能力的提高，结果却导致了更多人开车上路，直到重新恢复到原来的拥挤状态。这些措施当然不像新建道路那样浪费巨大，但它们同样没有抓住导致交通堵塞的真正原因，人们容忍堵塞的存在。

我们必须承认，在理想的概念中，我们有能力建造出没有交通堵塞的道路。只要在全国范围内再多建 50% 的公路，那么几乎所有目前的潜在需求都可以得到满足。但是，如果你想要的不是一个临时性的缓兵之计，那么这项巨额投资就必须与延缓郊区生长同步进行。否则，新建道路所衍生出的那些新的土地细分式住宅区、购物中心以及办公园区，最终还是要将这些道路堵满。但是在现实中，这种延缓郊区生长的事情几乎不可能发生，所以，修建道路显然是个愚蠢的办法。

有些人仍然心存怀疑——有必要从根本上重新思考交通规划的问题吗？那么就请这些人关注一下过去这些年我们所经历的事情吧。在关于 Playa Vista 社区设计——这是洛杉矶的一个内填式开发项目（infill project）的一次大型工作会议上，一位交通工程师对开发项目周边的现状与未来预计的交通拥堵情况进行了演示。当时我们恰好坐在靠窗的位子，一眼就看到窗外这条道路即使在交通高峰时期也

---

① 好像一切事情，甚至包括近来流行的道路狂暴症，都可以用来证明对道路建设投入更多资金的必要性。国会议员 Bud Schuster，美国国会交通与基础设施委员会主席，提出这样的建议："修建更多的车行道、拓宽路面、拉直弯道，可以减少道路堵塞，降低一些驾车者的烦躁情绪和不安全的习惯。"[Thomas Palmer，"安抚道路斗士"（"Pacifying Road Warriors"），B5]。

是畅通无阻的，而在他的演示中这条路却高度拥挤、急需拓宽。我们当时就向他发问："为什么现在的实际车流这么顺畅，几乎没有在交通灯下排队等候的现象？"他的回答应该被永远记录在专业年鉴里："我们所用的电脑程序没必要和现实有任何关系。"

但是真正的问题还是在于：为什么那么多驾车者宁可在摩肩接踵的交通堵塞中耗上几个小时，也不去寻求其他解决途径呢？难道说人们有着一种根深蒂固的自我厌憎倾向，抑或是他们真的很愚蠢？答案是：人们其实非常聪明，他们之所以选择忍受郊区出行的痛苦，乃是一番老谋深算之后对当前形势作出的回应，这个形势与它造成的拥堵结果一样混乱不堪。对绝大多数美国人来说，使用汽车代步是一个明智的选择，因为汽车正是经济学家们所说的"免费货品"—— 消费者只需支付其真实成本中的一小部分。

Stanley Hart 和 Alvin Spivak 是这样解释的：我们在大学一年级的经济课上就已经知道了，当产品或服务成了"免费货品"时，会发生什么事——市场功能陷入混乱，需求飙升冲破屋顶。在大多数美国城市里，停车位、道路和高速公路都属于免费货品。地方政府为驾车者和货运产业所提供的一系列服务——诸如交通工程、交通管制、交通信号灯、警察与消防、道路修理与维护等——无一例外，这些全部都是免费货品①。

① Stanley Hart 和 Alvin Spivak，《卧室里的大象：汽车依赖与否认》（The Elephant in the Bedroom: Automobile Dependence and Denial），2 页。文中很多关于交通堵塞的科学与经济学信息都来源于此书，该书应被列为职业规划师、交通工程师以及非专业的公路行动主义分子们的必读书目。在最近参加的一次规划会议的讨论中，有人指出了人们渴求免费货品的背后隐藏的逻辑："停车位当然永远都不会够！如果你给每个人都免费分发比萨饼，你的比萨饼可能足够吗？"

汽车补贴

汽车的使用成本到底在多大程度上是免费的呢？根据 Hart 和 Spivak 的计算，政府光是用于公路和停车场建设的补贴，就高达整个国民生产总值的 8% ~ 10%，相当于每加仑（美制 1 加仑 ≈ 3.79 升）汽油减免了 3.5 美元的燃油税。如果再加上一些"软性"成本，例如污染的治理、急救措施等，那么减免的燃油税款就会增加到 9 美元 / 加仑。这些补贴约合每车每年 5000 美元，实际是通过种种手段强加于美国公民身上的，例如提高物价，更多的是通过提高个人所得税、财产税、营业税等方式实现。也就是说，所有人都要为开车这个隐性花费买单：不光是驾车者自己，还有那些由于年迈或贫穷不能开车的人们。而这些人承受的是双重迫害—他们依赖的公交系统，由于无法与享受高额补贴的高速公路竞争而濒临倒闭[1]。

更令人愤慨的是，同样数额的投资，如果不用于公路建设而是用于公交系统的话，可以创造出比前者多一倍的就业机会。换言之，每次从公路建设投资中抽出十亿美元用于公交系统建设，就可以产生 7000 个工作岗位。[5]国会最近斥资 410 亿美元用于公路建设，如果将这笔钱投入到公交系统，就可以使全国增加 25 万个就业机会。

既然不用为全部驾车费用买单，有车族们当然愿意尽可能多地开车。这是一个从经济学角度看非常正确的决定，但它并不是自由市场经济下的产物。Hart 和 Spivak 指出，这种情形很像斯大林时代的苏联国家计划委员会，这个机构专门负责为很多消费品制定专断的"正确的"价格，而并不考虑它们的真正制造成本，其结果不言而喻。美国版的"国家计划委员会"为汽油制定的价格，仅相当于

---

① Hart 和 Spivak， 6 页。在汽车的软性成本中，最严重的也许就是污染了，汽车以及其他交通工具已经被列为城市空气污染的罪魁祸首，二氧化碳的最大制造者，也是全球气候变暖的头号嫌疑犯。[《经济家》（*The Economist*），"与汽车一起生活"（"Living with the Car"）， 4 页]。美国的空气污染约有半数是汽车尾气排放造成的（MacKenzie， Dower， Chen， 14 页）。

1929 年的 1/4 （依据实际货币价格）①。我们不用再去探究美国城市持续向乡村蔓延的原因了。欧洲汽油的价格是美国的四倍，在那里，乘坐长途汽车出行是少数富人的特权，相应地，郊区蔓延现象也就十分少见。

美国版"国家计划委员会"的触角还伸到了货运业。在完成同样工作的前提下，卡车消耗的燃料相当于火车的 15 倍，但是在现行的补贴制度下，卡车运输却大受青睐。政府可以不假思索地给卡车运输业发放 3000 亿美元的补贴，但对公共运输系统的投资却锱铢必较。与此很类似的是：虽然公路的 15 条车行道的人流，只需一趟火车就全能解决，但当我们面对交通堵塞问题时，还是执着地修建公路而不是铁路。6 一句流行的术语很好地证明了国家政策倾向汽车：花在道路上的钱叫作"公路投资"，而花在铁路上的钱则称为"运输补贴"。

虽然美国版"国家计划委员会"背后有铺天盖地的广告作为强力支持，但它算不上是什么阴谋集团，甚至连文化现象都谈不上。它可能还在天真地盼望立法者们赶快采取行动，比如立法征收实质性的燃油税，从而合理地分配汽车成本。但是，政客们承受着来自慷慨解囊的汽车产业以及依赖汽车的公众们的双重压力，近来，他们甚至纷纷以取消燃油税作为竞选策略，此举竟颇为奏效。不过，还是有些消息令人振奋——倡导征收燃油税并不像大多数政客想象的那样，是一种政治自杀行为。因为 Pew 基金会最近进行的一次民意测验显示，60% 的受访者赞同每加仑（3.79 升）汽油征收 25 美分的燃油税，以减缓全球气候变暖的进程②。

---

① "无论到何时，汽油永远都是便宜的。"这就是《经济家》（The Economist）杂志描述美国对待交通规划的态度时所说的。文中还说："美国号称是全球最自由的市场，但它却自相矛盾地避开了价格机制的控制，并通过'命令与控制'的制度来管理其经济的核心部分。"["与汽车一起生活"（"Living with the car"），7 页]。

② 如 David Nyhan 在《波士顿环球报》（The Boston Globe）的一篇文章中指出的："如果这算是一个选举结果，我们可以称之为压倒性的结果：人民再一次走到了政客的前面。"[Nyhan，"为了星球，提高燃油税吧"（"For the Planet's Sake, Hike the Gas Tax"），A27 页]。

虽然有很多"反商业（anti-business）"的呼声——从对抗全球气候变暖，到支持公共运输系统——都在要求提高燃油税，但最具说服力的理由恰恰来自经济领域：美国对汽车的财政补贴政策正是对市场规律的最大违背。美国每年由于汽车补贴所造成的经济损失约达7000亿美元，[7]严重损害了美国在全球的经济竞争力。虽然本书所关注的重点是郊区蔓延，但蔓延并不是汽车补贴这个根本性错误所引发的唯一恶果。

关于汽车补贴的种种问题，早已有翔实的记录；这应该算是一则陈旧的新闻了。然而，它似乎又是一则并不为人所知的新闻，对政府的决策也没有产生任何明显的影响。所以，对于全国所有关注此事却又屡屡碰壁的活跃分子们，我们没有太多话好说，只能说一句："我们可以加入你们的碰壁队伍吗？"幸好，汽车补贴只是促成蔓延的许多因素之一，我们反对蔓延的努力或许还可以在其他方面有所成就。

第六章
蔓延与房地产开发商

美国房地产开发商的没落

暗中为害的营销专家

值得质疑的传统智慧

与住宅建筑商的斗争

参加全美住宅建筑商协会的年会

如果你卖的是私密性与专有性，那么每一栋新的住宅都意味着舒适宜居性的退化。但是，如果你卖的是社区，那么每一栋新的住宅都会带来资产价值的提升。

——Vince Grahm，在美国住宅开发商协会的演讲（1997）

美国房地产开发商的没落

在那些深受郊区蔓延贻害的人群中，谁是最大的受害者？这项"殊荣"当属曾经的社会栋梁——房地产开发商。在过去这 1/4 个世纪里，显然再没有其他的美国社会成员像他们一样从云端陡然跌到谷底。虽然说在郊区化的迫害下，全体人民的生活质量都显著下降，但房地产开发商们还承受着另一种折磨：他们已经变成了最不受欢迎的人。

起初并不是这样的。相隔不远的 70 年前，George Merrick 建造佛罗里达的珊瑚阁（Coral Gables）时，人们不是将其视为房地产开发商，而是视为该城镇的创建者。他的半身像至今还骄傲地伫立在市政厅里。他远见卓识，并当之无愧地被人们尊称为"城市之父"，他的名字在各种公共演讲中被提及的频率丝毫不逊于美国宪法的起草者。同样获此殊荣的还有堪萨斯城（Kensas City）的；J.C.Nichols、萨凡纳（Savannah）的James Oglethorpe、俄亥俄州马里蒙特（Mariemont, Ohio）的 Mary Emery 以及遍布全美的很多开发商们，他们赶在 1945 年前从事建设可真是一大幸运啊。

自那以后，开发商那受人尊敬的地位便一落千丈，甚至被公众拿来与毒贩、恶棍相提并论。这到底是为什么呢？他们对社会就这么一无是处吗？事实上开发商们不正是为社会提供了它所需要的商品吗？他们修建房屋、商店、办公室，还有道路和街巷，他们甚至经常冒着巨大的经济风险来做这些工作。尽管如此，公

城镇的创建者：George Merrick，
受人爱戴的珊瑚阁土地开发商。

现代的土地开发商：骗子商人。

众却仍不买账，因为开发商们所提供的这一切，都不是大众喜爱的模式，他们所能提供的只有蔓延，这恰恰是人们最不感兴趣的。如果房地产开发商协会继续将混合用途邻里社区列为违法事物，开发商们就难以为居民建出真正的社区。

同样道理，如果土地区划法规继续偏爱低密度开发模式，而不去创造紧凑型社区的话，开发商们也就很难停止将一个个农场变成四处蔓延的饼干模子的进程，也很难摆脱"土地抢劫犯"的恶名。这就是为什么连保险杠贴纸上都会印有这样的话：要出城？带个开发商走吧！

人们对于自然和文化之间关系的认知，是开发商们被妖魔化的本质原因。在任何未开发的地上进行建设，都意味着取代原有的自然要素，特别是牧场与森林，没人会否认这是一大损失。然而，如果取代这片自然的是个小镇或村庄——一个蕴含文化的地方——那么或许这一转变就是值得的。毕竟，再激进的环境保护主义者，也不会舍得为了恢复自然原貌而将南塔基特（Nantucket）、查尔斯顿（Charleston）或是圣达斐（Santa Fe）这些充满文化的城市夷为平地。反之，如果一个市民能够获准将土地细分式的居住区，或是带状购物中心，抑或办公园区拆除而代之以其他某种事物，比如一片苹果园，那他肯定是乐意至极、积极响应的。公众们很清楚，这些用途单一的住宅区不是蕴含文化的地方，以自然做代价去换取这种蔓延是不公平的交易；他们还很清楚，制造出这种糟糕交易的人正是房地产开发商。

暗中为害的营销专家

倒霉的开发商们遭受着人们的纷纷责难，而事实上他们只应该承担其中的一部分，因为市政当局和工程师协会的种种规定已经注定了不健康的城市生长。或许更应该受到指责的，是那些在房地产开发业拥有强大影响力的顾问们，也就是营销专家们。在过去的30年间，这些人一直在大肆宣扬这样的讯息：要么制造蔓延，要么倾家荡产。他们尤其宣扬的是：杜绝混合用途；杜绝混合收入；要建造围墙

销售的只是概念：郊区开发商对于传统邻里社区模式的承诺通常仅停留于市场营销的层面。

与大门；要把车库修建在正面；要假设所有人都会以车代步，没人再采用步行方式。拜这些营销专家所赐，当人们急切盼望着新一款丰田佳美的问世时，大多数开发商却还在卖力地推销 1972 年款的雪佛兰。

　　这些市场权威人士最令人失望的一点就是，他们其实非常清楚传统邻里社区的概念多么受人欢迎。无论在他们大量的文字资料、宣传图片中，还是他们的销售技巧上，都表现出对邻里社区、村庄和小镇等理念的推崇。他们知道小镇概念是很好的卖点。在最近的一项民意测验中，2/3 的人反对郊区模式，而倾向于传统小镇模式[1]——因此他们告诉开发商：把开发项目统统冠以这样的名号，别管建成后的真实面目是什么。在他们的努力之下，传统城镇规划中的许多原始词汇被生搬硬套过来，从"村庄绿地"到"街头小店"无一幸免。遗憾的是，他们这种做法，既玷污了这些名词，也贬低了邻里社区的概念。结果怎样呢？那些土地细分式住宅区标榜着能让你"感受到你所热爱的故乡"——甚至可能还会在消防队里驯养两只达尔马提亚狗呢[2]——而实际上，"街头小店"淹没在停车场的海洋之中，走

---

[1] Philip Langdon，《更好的居所》（*A Better Place to Live*），119 页。1989 年，Gallup 公司进行了一项调查，在城市、郊区、小镇和农场这四种地方，人们更愿意选择住在哪里。其结果是，34％的人选择小镇，24％ 选择郊区，22％ 选择农场，19％ 选择城市 [Dirk Johnson，"美国农村人口的衰减"（"Population Decline in Rural America"），A20]。

[2] 达尔马提亚狗（Dalmatian），以往美国的消防车是使用马匹拖拉的，因此消防队会带达尔马提亚狗陪伴马匹，它们天生喜爱马匹，毛色鲜亮又不畏长途跋涉，故被选为消防队的吉祥物，奔波于消防车左右，警告路人快快让路。——译者

路上班或上学只能成为人们的回忆了。

市场营销业已经完全走入了歧途，接着它又开始驾轻就熟地对房地产业展开误导。当营销专家们思考应该向开发商们推荐什么样的"建筑产品"时，他们只对最近的产品进行究竟和对比。而这些研究也只是单纯地关注于哪些产品销量最大——说白了，就是那些充斥市场的新建住宅——而不去关注哪些产品卖得最贵，比如位于健康而悠久的邻里社区中的那些住宅。如果营销专家们能将研究对象的范围扩大，从过去5年间的成功案例扩展到过去100年间的成功案例，建于二战之前的那些邻里社区——也就是开发商们的推销说辞让人真正联想到的那些社区——它们的市场表现大大地优于新建住区。房地产市场的雷达仪没有注意到这些老的邻里社区，因为这里的住宅往往一次只卖一套，而且很快就会被买走，有时甚至连广告都不用张贴。因此，这些案例总是被忽略掉，它们的成功经验也就一并被掩盖了。

除此之外，这些营销专家们所做的民意调查，经常会由于选错了调查对象、用词不当、简单片面等原因，最终误导了自己和客户。举例来说，如果受调查者刚刚购买了一套普通的郊区住宅——事实上大多数调查正是以这些人为对象——那他怎么可能会说自己另有所爱？他若这么说，无疑是承认自己在家庭重要投资上犯了严重错误。另外，有些用语，如果脱离了上下文，必然会招致人们的特定

由于太有价值而被人遗忘：建于1920年的马里蒙特（Mariemont）是被营销专家们忽略的诸多成功的新城镇建设案例之一（绘图者：Felix Pereira，迈阿密大学学生）。

反应。我们以前的一个开发商客户，在经过一番市场调查之后，决 定取消在爱荷华州阿美斯（Ames, Iowa）的传统邻里社区项目。他们的调查内容包括"你愿意住在尽端路旁边吗？"和"你喜欢后巷吗？"等问题。调查的结果不出所料，与直通式街道相比，购房者总是更青睐尽端路。但是，如果你向他们阐明这是两种不同的道路体系——采用尽端路形式的前提是附近必须设有高车流量的集散道路——这样一来，人们就会转而选择直通式街道了，因为这种形式可以形成关怀步行者的街道网络。同样，很少有人表示喜欢"后巷"，但是如果我们的措辞再严谨一些——"您更喜欢车库大门构成的街道景观，还是将车库藏在后巷而门廊朝向街道的景观呢？"——人们就会给出完全不同的答案。如果想更精确一些，而且能够得到开发商们的接受，那么可以采用一些图片对比的方式，比如"视觉偏好调查（Visual Preference Survey）"[①]等。而标准化的市场调查，如果是草率拟定而成的——抑或是为了给错误的现状寻求支撑，我们怀疑阿美斯（Ames）项目中的调查就属于这种情况一它就会迅速地扼杀开发商们的良好动机。

如果市场调查真正向阐明常规开发与传统开发之间的显著区别的话，会有什么样的结果呢？营销专家们通常都会向他们的开发客户鼓吹：俱乐部、特色的入口、保安围墙是最吸引购房者眼球的卖点。然而一项综合研究却发现，在受调查者中，要求有"乡村私人俱乐部"的只有18%，而希望"附近有一排小便利店"的则高达64%。想要"引人注目的入口"的仅占8%，而希望有个"小型的邻里图书馆"的人有45%。想要"小区围墙"的仅有12%，而46%的人希望有"邻近的小公园"。面对一个接一个的问题，受访者都在表达着这样的心声——与其在

---

① "视觉偏好调查"（"Visual Preference Survey"）是由 Rutgers 大学教授 Anton Nelessen 创建的调查方法，它已成为市政当局对抗蔓延的特别工具。调查揭示出公众对传统邻里社区开发模式的渴望，进而激发改写土地开发规范的政治意愿。

郊区拥有中产阶级生活的享乐设施，还不如享受邻里社区生活的便利。[1]

营销策划还有一个根本性的问题，那就是它的信息渠道太少①。每个月，两家全国发行的建筑业杂志都会告知开发商购房者想要什么。其中隐含着这样一个不可忽视的讯息："不遵惯例，后果自负！"这些营销建议，也不论是好是坏，就以这样一种集中的方式被收集起来并广泛传播，这样做的危险就是，这些得到认可的设计立即被大规模地复制。我们给开发商做演讲的时候，经常这样打趣他们："你们开发商总是听从一样的建议，然后建出一样的东西。怪不得动不动就会有人因为建设过量而破产！"

营销专家所发挥的不当影响背后的最后一个原因，与开发商的融资方式有关。房地产开发项目很少是由开发商自己负担全部资金，大多数是依靠来自银行、养老基金以及其他寻求稳妥投资的机构所提供的巨额贷款。这些投资机构在提供资金以前，都会要求通过调查证明以往类似案例是成功的，即所谓"案例比对"。为了满足投资者的要求，建设项目就必须做到与比对案例无本质区别——这自然就会导致重复建设的结果。如果开发商想要尝试不同的建设模式，比如混合用途的社区，他们就会发现由于自己缺少市场分析的支持而难以推进。而这些分析又很难从营销专家那里获得，因为他们所收集的数据都来自其常规的开发商客户们新建的土地细分式住宅区。

---

① 美国城市土地利用学会（ULI）一直以来都被视为房地产业的保护者，它是房地产市场极具权威的信息来源，强调常规建设实践的主导地位，也因此而被人们昵称为"旅鼠联合会"（United Lemmings Institute）。ULI 近来开始倡导传统的城镇规划，尽管只是将其列为可供考虑的多种开发模式之一。有趣的是，这个创建于 1936 年的 ULI，其创始者 J.C.Nichols 在堪萨斯城开发了美妙的"乡村俱乐部地区"，其中那一系列的邻里社区体现了本文所倡导的大多数设计理念。

值得质疑的传统智慧①

无论有没有营销专家的建议，房地产开发业都在被自己的传统智慧引向迷途，尤其突出的就是那条被用滥了的法则"地点，地点，地点"。地点的重要性毋庸置疑，但很多证据表明，与好的地点相比，一个好的设计也可以对房地产价值产生相同的甚至更大的影响，而这一点却通常被开发商们忽视了。位于珊瑚阁（Coral Gables）的这两栋住宅就是很好的例子：它们坐落于同一条街道的两侧，彼此相对，而且处于同一所学校的服务范围内。二者占地都是1万平方英尺（约929平方米），都拥有约3000平方英尺（约279平方米）的空调房间。但是，下面第一张图中的住宅以37万美元售出，而第二张图中的住宅却在同一年中以140万美元成交。

设计的价值：两栋住宅，建设指标相似，价格相距悬殊。

---

① 传统智慧（conventional wisdom）是经济学家John Kenneth Galbraith创造的一个词，指那些日常式样的、想当然的一般教条。——译者

这两处房产到底有何不同？答案就是：设计。一个是在传统设计理念的激励下产生的，十分注重细节，其房屋建于地块中比较靠前的位置，从而留出大面积的不受干扰的私密空间作为内庭院。而另一个则是标准的单层平房，不偏不倚地摆在地块中央，四周的残留空间都是院子，却又都毫无用处。

这就引出了非常重要的一个论点——该论点也解释了为什么传统社区和住宅拥有更高的价值——那些比较古老的房产之所以价值不菲，不仅仅是由于其历史悠久、树木繁茂抑或艺术史学家 Alois Riegl 所说的"年代价值"（age value）。历史意义当然可以使物业增值，在乔治敦（Georgetown）和波士顿（Boston）这样的城市里，其悠久的历史肯定在房地产市场扮演了一定的角色。但是年代价值 的概念并不适用于滨海新城（Seaside）和肯特兰（Kentlands）这些新建的传统式开发项目。这二者都建于 20 世纪 80 年代，其住宅与住宅用地的售价都比相邻地区的同类地产高很多。滨海新城虽地处偏远，但距海边 1/4 英里（约 0.4 米）远的一个小地块，价格却相当于相邻的土地细分式住宅区中一个靠海的、面积大一倍的地块价格的两倍。[2]在肯特兰，住宅的售价通常比相邻土地细分式住宅区中占地更大的住宅单元还要贵3 万～ 4 万美元。[3]造成这一差距的不是年代，亦非地点，而是设计：滨海新城和肯特兰的这些住宅，处于人们如此喜爱的小镇之中，自然价值不凡。

滨海新城：一个以传统模式设计建成的度假胜地。

在佛罗里达州维罗海滩的温莎新村（new village of Windsor, in Vero Beach, Florida），也能看到同样的现象。那里的住宅用地可以俯瞰高尔夫球场和大海——这正是开发商们普遍梦想的——但这些地块的售价却远远不及位于村子中心的地块。村子中心的那些地块，可以为人提供隐私性与的双重便利，这一点和珊瑚阁那些比较老的住宅是一样的。以上这些案例，以及近来的其他一些项目——无论改造的还是新建的——都说明了这样一点：只要购房者有机会居住在一个真正的社区里，那么他们是不会要求其他享乐设施的，甚至连地点也不在乎。

温莎：这些小规模的地块，兼具隐私性与社区性的双重便利。

当把传统设计手法与常规设计手法进行比较时，房地产业还流行着一个非常有害的误解。一些对操作细节没什么认识的开发商认为，传统的邻里社区比常规的土地细分式住宅区花费更高，他们关心的是："修建后巷，谁来掏钱？"这种认识在宏观层面上很容易被驳倒。从一个大的区域范围来看，修建一种依赖汽车的蔓延式的环境，和建设一种紧凑且方便步行与公交的环境相比，谁会说前者比后者更省钱呢？既然蔓延基础设施建设所需的大量投资都被政府无意识地吸收了，那么就必须说服开发商们：进行传统式开发时，那些独立的小规模邻里设施必须由他们自己负担，因为即使这样也比常规式开发更便宜。

下页图是一张典型的土地细分式住宅区的平面图，摘自《底特律自由报》（*Detroit Free Press*）中的一则广告。在传统的邻里社区中，除公路以外的所有街道两边都是面向街道的、可供出售的土地，没有任何单独浪费在交通上的基础设施。但是在这个由"安纳堡首席家园建造商"（Ann Arbor's Premier Hometown Builder）开发的项目中， 标为灰色的道路是只有一侧的建筑是面向道路的，而标为黑色的道路则两侧没有任何建筑朝向它。它们是只供汽车使用的集散道路，也是树枝状的尽端路系统的必要组成部分。这样一来，1/3 的沥青路面就白白浪费了，

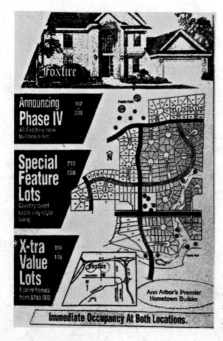

尽端路系统浪费的基础设施：灰色街道两边只有
50% 是面向街道的可售用地。黑色街道两边则根
本没有面向街道的可售用地。

而且，如果我们计算一下修建这些比传统街道宽 1/3 的路面需要多少建设投资，
就会发现，修建后巷那点费用简直是微不足道。此外，后巷的存在分担了居民对
私人车道[①]的需求，这也是传统城市的节约途径之一。事实上，只要不是超标准建
设，后巷的建设费用就不会高于它们所取代的私人车道的费用。

　　传统邻里社区比蔓延节省资金还体现在另一个方面：它的建设规模可以非常
的小。聪明的开发商会尽全力地在同一时间为不同市场群体提供服务，例如"初
次购房者""升级换房者""家庭用房者""退休用房者"等。而在郊区，开发
商则只能针对不同的市场群体开发各自独立的住宅区，因为有明确的规定：不同
收入的人群绝不能混居一处。在传统邻里社区中，不同市场群体的需求可以在同

---

① 私人车道（driveway）是指连接房子、车库或其他建筑物与道路之间的私人车道。——译者

一个混合用途的区域内得到满足。最后一点：适当提高建筑密度是一种非常有效的办法，不过只有在传统的街道网络中才可能实现这一点，而在郊区蔓延的格局中却难以做到[①]。

公正地说，有些新建的传统邻里社区并没有比常规开发节省开支，它们的开发商可以立刻站出来证明这一点。主要就是因为这些项目是"杂交产物"：街道网络虽然是传统的组织方式，但昂贵的基础设施却拖累了它，例如毫无必要的集散道路、常规要求的路面宽度、铺得和街道一样厚的后巷、甚至后巷的路缘石都被不遗余力地精打细琢。墨守成规的公共事物部门非常看重这些，他们对任何有违标准的事物都毫不宽容。正是在这些工程人员的强制之下，传统邻里社区的开发建设成了"杂交产物"，开发费用也被提升到和郊区蔓延式开发一样的高度。

与住宅建筑商的斗争

要想阻止蔓延，除了要让开发商们了解传统邻里社区背后的真正经济意义以外，还要转变另外一个人群，那就是住宅建筑商。前文已经讲过，传统开发与常规开发之间，无论从城市的范畴，还是建筑单体而言，都存在着相当大的差异。如果没有恰当合理的建筑设计，再优秀的传统邻里社区规划也只能取得有限的成功。

住宅建筑商应如何配合进行传统的邻里社区设计呢？首先，他们要调整设计方案，将车库设在后巷，或者至少从建筑正面退出，避免对街景的破坏。此外，他们还应把建筑形态变得平和稳重——简化屋顶设计，削减住宅正面的复杂因素，要记住多样性应体现在城市尺度上，即不同建筑之间有所区别。有些时候，住宅

---

① 传统邻里社区之所以能创造出迷人的较高密度环境，经常是由于后巷的功劳，因为后巷可以将联排住宅与公寓的停车设施藏到背后去。通常联排住宅的面宽只有 20 英尺（约 6.1 米），如果没有后巷，那么一个双车库就会占据全部正立面。而公寓则通常需要大量的停车场地，如果不将其藏在建筑之后，势必会破坏街道景观。

建筑商还要配合进行住宅前面的门廊、台阶、尖桩篱栅等设计，从而更好地界定出公共领域与私人领域的过渡空间。以上这些要求没有一个是麻烦费力的，但我们必须承认，传统邻里社区设计需要建筑师承担一定的风险：毫无疑问，他们要对那些已经成功热销多年的住宅方案进行改造，而且是大刀阔斧地改造。

幸运的是，现在已经有充足的理由支持建筑商们冒这个风险了。新的传统式建设项目虽然数量不多，但在它们与常规式建设项目的交锋中，公众的倾向是非常明确的。我们在弗吉尼亚北部设计的一个新村镇——贝尔蒙特（Belmont），有三家住宅建筑商参与了设计：其中有两家当地设计公司和一家国家大型设计企业，后者是名副其实的重量级人物。两家小公司都赞同我们的城市设计理念，即设置门廊、尖桩篱栅以及将车库设于后巷等。而那家国家性的设计公司，由于成就太卓著了，所以根本听不进我们的建议。他们把现行规范亮出来，坚持要把车库放在住宅正面。住宅投放市场 18 个月后，其销售情况为地方公司 A：30 户，地方公司 B：14 户，重量级公司：1 户。看来，当购房者对各类住宅有平等的选择机会时，他们对常规设计的住宅兴致索然。

住宅设计业除了有和土地开发商相同的保守通病外，还有一个更深刻的因素抑制着它们的革新精神，这一点从该行业的名称上就可窥见端倪。从"住宅建筑商"这个名称中，使人感觉到住宅好像是可以脱离环境而独立存在的事物。如果说建筑是自由漂浮在太空之中，或者是处于一种邻里之间既不可能也不需要彼此互动的环境里，还姑且说得过去。但是，住宅显然不是孤立存在的，如果你认为住宅建筑个体就是建筑商技艺的最终体现，那可就抹杀了他们本应具有的更大价值。当我们发现，大部分细分式土地的开发者都是由野心勃勃的住宅建筑商和生意扩张到只顾占领越来越大地块的通用承包商组成，在这种情况下，尤其有必要强调住宅建筑商的应有作用。如果上述这些人还将自己看作是单纯的住宅建筑商的话，无异于 Stradivarius 把自己看作琴弦供应商，而忽视了琴弦只有安装在琴上才具有真正的价值。但是，这种错误认知仍在继续，而且造成了这样的现象：美国大多数土地细分式住宅区不但没有邻里社区的感觉，反而像一栋栋孤立住宅的集合体。

参加全美住宅建筑商协会的年会

如果你想了解住宅建筑行业，那么最能让你大开眼界的去处当属"全美住宅建筑商协会"①（NAHB）的年会了。对于从未经历过的人来说，参加 NAHB 年会可是一场惊心动魄的体验。与会者的代表形象是：技术熟练、一本正经的小商人，直到登机前一刻才把工具腰带解下来。参加会议的总共约有 6.5 万人，绝大部分是男性，他们都在停车场上临时搭建的大篷盖下吃午餐，主菜可以选择烤牛肉或是烤猪肉。这可不是一个闲聊社会问题的地方。

会场的景象蔚为壮观，简直是建筑产品的大集合。把它们放到一起，可以作为反对 GNP 增长的有力论据：电冰箱被装扮成胡桃木材质的大衣柜，喷水按摩浴盆大得像 SUV 一样，家庭影院的价格堪比电影制片。会场还有大量的展示表演。

主卧室里的好去处：为了弥补缺乏社区而造成的精神空虚，住宅建筑商安装了这些设施。

---

① 全美住宅建筑商协会（National Association of Home Buiders），简称 NAHB。——译者

两位颇具才华的表演者，手上玩着杂耍，嘴里还在颂扬着 Sear 公司的"顾客权益保障方案"的好处。展会女郎在 50 英尺（约 15.24 米）高的科勒卫浴展牌前表演，与此同时，身穿实验室制服的男演员则在向人们演示最新的高科技马桶。在这种马戏团一样的氛围里，咨询顾问们为人们提供了上百种专题讨论会，旨在使建筑商具有压倒对手的竞争优势。比较典型的讨论会包括"针对婴儿潮时期出生者的住宅设计与营销策略"，以及"让生意起死回生的 50 个绝妙奇招"等。

　　年复一年，住宅建筑商们都会来到会场上寻求让自己的住宅设计与众不同的新概念与新设施，从而使他们的作品区别于旁人。他们设计与销售住宅的方式很像汽车产业，也就是强调产品部件的自身特点。汽车产业的设计与销售强调的是产品部件的自身特点，比如他们会关注：该装置是面向路径的灯光控制面板，还是车库大门开关兼防盗报警解码器？而在这一点上，住宅建筑业与汽车产业非常相似。他们忽略了住宅建筑所处的背景，也就是环境的质量，自然就没有机会去创造人们真正渴求的产品—社区。社区是人们选择居所时最钟爱的宜人场所。根据美国联邦国民抵押贷款协会（Fannie Mae）的调查，美国人对社区的看重程度是住宅的 3 倍。这一事实是个强有力的论据，用来帮助住宅建筑商们摆脱 NAHB 年会上那些小器物的束缚。

　　遗憾的是，住宅建筑商们尚未获得这个信息。每次年会上， 在数以百计的演示与专题讨论会中，涉及传统邻里社区开发概念的却往往只有两三个。而这少数的讨论会虽然不乏正反双方的参与者，但他们对于整个庞大的参会人群而言却影响甚微。住宅产业的首要目标依旧是：以最快的速度、最好的价钱把每套独立的住宅卖出去，也就是"打一枪换一个地方"。NAHB 年会上一位支持社区概念的主持人不禁感叹道，他觉得自己就像新兵训练营里的佩花嬉皮士[①]一样。

---

① 佩花嬉皮士（flower child）指那些鼓吹世界和平和博爱，并将其当作社会生活或政治生活中丑恶现象的解毒剂的嬉皮士。——译者

　　要想赢得这场反对郊区蔓延的战斗，就必须把住宅建筑商、土地开发商、营销专家这些"选民"都争取到我们这边来。但是，只有在让其盈利的前提下，他们才会最终发挥出积极的参与价值，因为在 25 世纪的美国，任何产品概念的存亡都取决于它的市场表现。虽然政府的干预在一定程度上是有必要的一特别体现在制止那些来自联邦、州、市各级政府企图继续推进蔓延的政策——但是仅仅依靠修改法律是无法消除蔓延的一个更高的开发标准，要想得到人们的广泛接纳，就必须为其实施者带来更大的收益。

　　在广大开发商之中，已经有第一代先行者开始从事新传统市镇规划了，他们是：Robert Davis（滨海新城 Seaside）， Joe Alfandre（肯特兰 Kentlands），Phil Angelides（西拉古纳 Laguna West）， Vince Graham（新亮点 Newpoint），Henry Turley（海港镇 Harbortown）， 甚至还包括 Michael Eisner（庆典城Celebration）①。这些开发商都将提供更适宜居住的场所作为首要目标，而盈利则排在其次。自他们之后的第二代开发商——其中很多是夫型公司，纷纷复制这些设计手法，主要目的就是想获得和前辈一样的丰厚利润。如果这一代开发商发现，传统邻里社区开发是一条优于蔓延的投资之路——这一趋势已经有所显现了，那么住宅开发产业就有希望从整体上转变现有模式。

---

① Michael D. Eisner，前一任华特·迪士尼公司 CEO。庆典城项目是迪士尼公司投资兴建的第一个新规划的居住新城，是具有美国传统小镇亲切氛围的新型社区。——译者

第七章
蔓延的受害者

尽端路儿童　足球妈妈

空虚无聊的青少年　无依无靠的老人

精疲力竭的上班族　破产的市政府

寸步难移的穷人

财富的过剩使人们有能力执意建造出一些既浪费又不实用的社区，然后为了弥补这些社区的不足，再购买私家车在整个大城市区域内穿梭，去寻找那些本应就近可以买到的东西。

——Philip Langdon，《更好的居所》（*A Better Place to Live*）（1994）

除了房地产开发商以外，还有谁是蔓延的受害者呢？从一定程度上看，几乎每个人都是。虽然最为突出的是那些由于太小、太老或太穷而不能开车的人，这个群体总计约 8000 万，但受害者绝不止于此。通过调查，我们很难找出哪个社会阶层的生活方式是没有受到现代郊区发展的负面影响的。

尽端路儿童

现在最令人忧虑的，大概就是郊区孩子们的生活状况了。我们这个时代最具讽刺性的创新之一就是郊区的尽端路，最初人们将其想象成青少年最好的游戏场地，但事实证明这不过是空想而已。

郊区生活或许对儿童不利这个说法一定出乎人们的意料。毕竟大多数家庭决定搬到郊区就是因为他们相信"对孩子有好处"。他们所说的好处是什么呢？原来，郊区的学校更好一些——这个现象是美国特有的——这就是好处。此外，宽阔、安全、绿茵覆盖的场地适合孩子们玩耍，这也是好处。那么有什么是对孩子不好的呢？那就是，孩子们在郊区失去了行动自主权。在郊区，各种活动场所都被分隔独立开，彼此的距离要用汽车里程表作为衡量。在这样的环境中，孩子个人行动的范围最远也不会超过住宅区边界，就连当地的垒球场，也经常是孩子难以独立到达的。

结果就产生了一个新的事物——"尽端路儿童"，这些孩子就像囚犯一样生活在绝对安全却又毫无挑战的环境之中。或许，在孩子 5 岁之前，这样的情形还可以接受，甚至有人正希望如此，但接下来的 10 年、12 年间又会是怎样的情形呢？孩子们会一直依赖成年人开车带他们到各处去，这样一来，儿童、青少年就没有机会通过实践使自己成熟起来。跑出门去打一桶牛奶这样简单的家务事，他们不能做；骑自行车到玩具店去花掉自己的零花钱，他们不能做；妈妈上班的时候突然出现在她面前，他们不能做；步行去上学，他们通常也做不到；甚至过去孩子

遥不可及：如果没有家长的汽车，孩子们就无法到达这些集中设置的棒球场地。

们临时拼凑起来举行的棒球比赛，也成了历史，因为家长们为了在约好的时间接送每个拼车的孩子，不得不像军事管理一样进行精确安排。孩子们的自理能力仍然停留在婴儿时期，什么都要依赖别人。他们既失去了创造多彩生活的能力，也被剥夺了自己判断与选择的机会。郊区的家长常常会给孩子零用钱，以此鼓励他们的独立意识。"喜欢什么就去买什么吧！"他们说。而子女就会说："谢谢妈妈，什么时候开车带我去趟购物中心呢？"

足球妈妈[①]

与"依赖"相对应的词就是"负担"，这个词很好地体现了孩子们的活动依赖给父母带来的感受。母亲们为了让孩子们体验到后院外面的生活，常常要放弃自己的职业生涯。无论她们曾经是记者还是银行家、甚至是营销总裁，此时却都变成了私人司机，怀揣着一个茫然的希望：等最后一个孩子也满 16 岁了，就可以继续自己的职业生涯。这就是"足球妈妈称谓的由来，是对郊区现象的一种委婉表达。1990 年，我们曾收到住在塔尔萨郊外的一位妇女的来信，信中充分揭示了郊区家庭主妇们的困境。

> *亲爱的建筑师们：*
> *我是四个孩子的母亲。由于城市的设计，孩子们无法走出院子去活动。自从我们搬到这里，就觉得像是笼子里的困兽，只有开车的时候才能被释放出来。就连两个街区远的杂货店，都不能走路到达。如果我们想出门骑自行车，就要出动两部汽车，把四辆自行车和一辆婴儿车装上，然后开出 4 英里（约 6.45 千*

---

① 足球妈妈（Soccer Moms）是指那些家住郊区，每天开车接送孩子们参加各种体育活动的妈妈。——译者

米），到达自行车专用道。这是我们这座 25 万人口的城市里唯一设有自行车专用道的地方。我必须驱车到离家 4.5 英里（约 7.25 千米）的健身俱乐部，并且缴纳 300 美元的会费，否则就无法锻炼身体。我们居住的街道也毫无社区感，因为在这个方圆不过 5 英里（约 8 千米）的小世界里，我们每天却要开车 50 英里（约 80 千米）走遍每个角落。

我真想找个地方大哭一场。我怀念步行的日子。我想让孩子们走路去学校，想步行去商店买一磅（0.45 千克）黄油，想带孩子们在邻里社区中散步或是骑车。我的丈夫想走路去离家不远的单位上班。但是所有这一切都不可能实现了……如果您看到我以前住的邻里社区，就会知道伟大的美国梦里的一切，我在那里都曾拥有过。

空虚无聊的青少年

曾经在现代郊区度过了青少年时代的人们，都有着各自的无聊与受挫的经历。在 Eric Bogosian 主演的电影《郊区》（Suburbia）中，将故事的场景安排在 7-Eleven 连锁店的停车场，描绘了在缺乏公众聚集场所的公共领域中发展起来的文化。在一次访谈中，Bogosian 指出：

这些孩子并没有过错。无论外在环境，还是其内在意识，都不能帮助他们接触到郊区以外的世界。而与此同时，电视里的大量内容不断地冲击他们的感官，这只使他们觉得失落与挫败。也就难怪他们觉得干什么都没有意思了……郊区居民区的设计者都是已婚的、有孩子的人，他们关注的是在后院里要有一个专门用来烧烤的地方，而年轻人在这个决策中却没有任何发言权。正是由于太无聊了，他们才会制造出很多麻烦。他们开车兜风、酒后驾车、最后淹死在结冰的池塘里。对于这个特定年龄段的人来说，郊区应该是个危险的地方。[1]

Crashes Kill 37 in Texas In Single Day

Deaths on Highways Are Close to Record

WEATHERFORD, Tex., July 3 (AP) — In one of the deadliest days ever on Texas highways, 31 people died in three crashes today, including 14 people killed when a tractor-trailer hit the back of a family's van.

Eleven people, many of them chil-
___n, died in a collision involving an-
___r tractor-trailer near the West
___ town of Snyder, and six were

公路大屠杀：这是一个依赖汽车的社会必须承受的恶果。

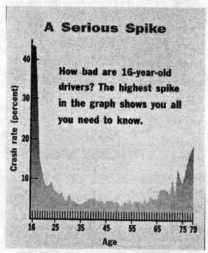

A Serious Spike

How bad are 16-year-old drivers? The highest spike in the graph shows you all you need to know.

美国汽车用户协会（AAA）对驾驶者的怒诉。

郊区危险这个说法似乎很奇怪，因为很多家庭就是为了寻求更安全的环境才搬到这里的。从犯罪率的角度看，郊区似乎是比较安全的。但是，这里绝非没有暴力犯罪，最近的几起郊区帮派活动的案例，就使人对郊区的安全性产生了质疑。

公平地说，郊区高收入的人口构成并不能带来犯罪率的降低。

比避免犯罪更重要的是保护声明安全，任何一个 16 岁会开车孩子的父母都会认同这一点。车祸无疑是美国青少年的头号杀手，占全美青少年死亡总数的 1/3 还多。[2] 然而，只要经济条件允许，郊区的父母都会做好准备再购置一辆汽车，以让子女学会独立，当然很多时候也是为了解放自己。

从这些青少年手握方向盘的那一刻起，他们就等于加入了美国最危险的帮派组织。美国每年死于汽车事故的人数超过 4.5 万，也就是说每年的人员伤亡都相当于一场越南战争[1]。一个孩子死于交通意外的可能性比死于帮派活动的可能性高 20 倍，因为大多数年轻驾车者在 16 岁至 20 岁之间都会经历至少一次严重的交通事故。在青少年驾车生涯的第一年中，超过 40% 的人都会发生一次严重到需要警方备案的交通事故。[3] 因此，从统计学的角度来看，青少年在西雅图郊区长大比在市区大多数邻里社区长大都要危险[2]。

导致青少年死亡的第二大嫌犯——自杀——同样与蔓延有关。1950 年以前，很少会听到青少年自杀的事件，到了 1980 年这个数字几乎激增了三倍，而现在，自杀竟然占到了青少年死亡率的 12%。有社会学家将"青少年的与外界隔绝和无聊"

---

① 1988 年，1480 万起交通事故导致了 4.7 万人丧生，约 500 万人受伤（MacKenzie, Dower, Chen, 19 页）。如果我们把焦点对准美国的公路，就会发现发生在这里的屠杀事件真是令人发指，其可怕程度已经让我们开始相信这就是生活的现实了。Jane Holtz Kay 质问道："还有什么地方，能让我们不假思索地接受每天 120 人的死亡率吗？你能想象每天下午就会坠毁一架飞机吗？……有位工程师用军事术语记录了这样一件事：在波斯湾战争的 40 天里，146 名男女军人在战斗中牺牲，而在同样的时间段里，我国的公路上就有 4900 人以同等的暴力程度丧生。"[Kay，《沥青国度》（*Asphalt Nation*），103 页]。截至 1994 年，车祸已经夺走了超过 300 万美国人的生命 [Andrew Kimbrell，"驶向生态灾难"（"Steering Toward Ecological Disaster"），《绿色生活手册》（*The Green Lifestyle Handbook*），35 页]。在国际上，车祸每年大约导致 25 万人死亡，300 万人受伤 [Wolfgang Zuckermann，《路之尽头》（*The end of the road*）64 页]。

② James Gerstenzang，"研究显示：汽车使郊区变得比城市更危险"（"Cars Make Suburbs Riskier Than Cities, Study Says"），A20 页。Alan Thein Durning 在对太平洋西北地区所做的一项研究中发现，在城市中，交通事故和犯罪事件可能导致 1.6% 的居民受伤，而在郊区，这个数字则升至 1.9%。Durning 先生指出："可悲的是，人们总是为了逃离城市的犯罪事件而搬到他们认为安全的郊区，殊不知这样只能将他们更暴露在危险之中。"

列为自杀的促成因素，并证实了郊区青少年的自杀率大大高于城市。[4] 在郊区环境中，能够使青少年变得成熟、开发有用技能、获得自我意识、哪怕是非常普通的生活挑战，他们都无从获得，正是这种环境导致了"隔绝与无聊"的结果。

近期发生在郊区中学的枪击事件已是尽人皆知，《纽约时报》甚至提出此事应归咎于郊区的设计。[5] 如此下意识地假设因果关系是没有根据的。既然绝大多数美国青少年都住在郊区，这其中必然会有暴力分子存在。人们很容易会联想到，正是由于这种单一的、毫无刺激的环境，才使寻求刺激的青少年们通过电脑游戏或是由于精神疾病而进入另一种现实体验之中。人们还推断，郊区的无菌状态—也正是它严重的不真实性—会使青少年更容易陷入幻想之中。

郊区蔓延对美国青少年的伤害还体现在其他一些方面。这张图片中的建筑，看上去好像是个难民收容中心，或者是仓储用房，但实际上不然。不过我们也大可以将其视为某种货品的寄放仓库——当我们拼命挣钱给孩子买车时，我们的孩子就寄存在这个地方。很多新建的学校都是这样一派凄凉阴霾的景象，原因就是巨额的资金都被投入到道路建设中，而剩下的建设资金就十分有限了。就在我们为学校的悲惨境况忧心忡忡的时候，政府还在将公共财富中的大部分都挥霍到平面设施的建设——供汽车使用的沥青路面。

美国的道路系统的确堪称全世界最豪华的。我们以 0.3 亿美元／英里的代价修建新的宏伟公路[①]，如果是苜蓿叶式的立体交叉公路，则单价比前者还要昂贵得多。美国的人均交通建设投资是其他发达国家的两倍[②]。为了汽车，怎么做都不为过。而与此同时，越来越多的孩子们走进那些预制材料建造的像简易活动房一样的学

---

① "三州交通运动"（Tri-State Transportation Campaign）于美国纽约大学召开的一次会议，"公路以外"（"Beyond the Open Road"）。此外，美国主要的公路系统的运营与维护费用约为每年 50 万美元／英里 [Wolfgang Zuchermann，《路之尽头》（*The End of the Road*），86 页]。

② Michael Replogle，《交通整合与需求管理》（*Transportation Conformity and Demand Management*），22 页。日本用于交通建设的投资占国民生产总值的 8%，而美国则为 15%～18%。美国家庭在汽车上的额外支出，不亚于公司企业用于兴建停车场和车库的巨额投资。

公共建设投资中地位最低的：我们的学校。

公共建设投资中地位最高的：我们的道路。

校，校舍上挂着空调机，围着校园是一圈链条式的围栏。国家对于建设孰重孰轻的安排，实在难以振奋人心。

也许这样阐述会比较明白：美国人应该把学校、市政厅、图书馆以及其他公共建筑看作是竖向设施，并且和我们那些平面设施由同一个财政来源出资建设。这些建筑并不奢华，但这种投资却可以创造出社会感，唤起人们的认同感、自豪感以及对公共生活的参与性。在一个社会中，市民建筑的重要性最终会和道路系统一样高，因此我们绝不能用剩余的少量资金来草率建设。如果得知自己的孩子由于校园环境像拖车公园一样简陋而无法接受良好教育，相信绝大多数美国父母宁愿忍受老旧的路面、少建几条新车道，以便把资金省下来用在教育上。遗憾的是，政府并没有给这些父母选择的机会。

无依无靠的老人

不论郊区对于孩子是否做到了它所承诺的一切，但它的确是在努力让家庭受惠，特别是年轻的家庭。随着家庭成员年龄的增长，孩子与父母便开始分开居住，然而父母却渐渐感到自己所处的环境越来越难以满足自己的需求了。随着年岁的增长，他们的驾驶技术每况愈下，他们的出行越来越依赖他人，就像当初孩子们依赖他们一样。这种情形也许在一定程度上是天道使然，但实在让人不好接受，因为被迫搭车和被迫开车一样让人别扭。

许多年长者选择退休后到郊区——特别是像阳光地带（Sun Belt）这样的地方买一栋房子居住，至少他们认为自己正在为此而努力。但是，他们恐怕是想错了。因为，一旦老年人的驾驶执照被收缴，那么以他们的居住地点来看，日常所有的物质需求与社会需求都将变得遥不可及。他们也就必然成了一群无法生存的社会成员。除非他们的经济状况富裕得可以雇得起专职司机，或是愿意成为亲人的负担，否则就只有别无选择地住进老年之家去了。离开了郊区社区之后，他们将和命运相同的老人们在这个与世隔绝的地方度过余生。养老社区实际上就是老人们走向协助照护设施的中转站。

其实，绝大多数的老人并没到年老体衰的地步，他们仍是身体健康、能够自理的市民，只是不能操纵那些两吨重的机器了而已。郊区的汽车依赖现象对于他们来说，不只是理论，而是现实问题。这也就回答了为什么那些平时很通情达理的老年人们，竟然伪造视力检查报告，而开车时又让路上的其他司机胆战心惊。

佛罗里达的冬园，一个自然形成的养老社区（NORC, Naturally Occurring Retirement Community）：由于环境并不迫使人们开车，因此，年老的公民仍然能够自理。

他们知道，失去驾照的那一刻，就是他们从成人时期倒退回婴儿时期的开始。他们将被集中在一个机构中看管，自由的唯一来源就是那辆每周一和周四下午带他们去购物中心的货车。

毫无疑问，当代郊区对土地功能的严格划分，已经无意间造成了老年人与社会的隔绝。1950 年之前，美国几乎没有养老社区，因为人们根本不需要这个事物。退休后的老人们几乎都住在原来的邻里社区。就算不能开车了，他们也仍旧可以依靠步行来继续自己的生活方式，尽管会慢一些。上页图中的女士们非常幸运地居住在佛罗里达的冬园（Winter Park），这是一个建于 19 世纪末的小城。在这个地方，住宅与商店之间有人行道连接，而且距离很近，老年人只要体力允许，就能一直保持自立。而当今的郊区却根本做不到。

由于社会学家开始认识到传统城市为老年人提供的便利，因此近来他们对于这种被他们称为 NORC 的社区（自然形成的养老社区）给予了肯定。业余的观察者们对其有另一种称呼：全是老人的邻里社区。佛罗里达的冬园、曼哈顿的上东区都是这样的社区。美国很多城市都拥有自己的 NORC，但是只有极少数富裕的老年人能搬进去，享受混合用途和步行关怀的环境给退休生活带来的好处。我们希望，这种老年自养的生活模式不要成为上层人士专有的特权。

精疲力竭的上班族

显然，郊区不是为那 1/3 的无车人士伸张正义的地方。而那 2/3 的有车族，以及拥有多辆汽车的少数幸运儿，他们的生活质量提高了吗？对于不喜欢享受在拥挤的车流中开车的人们而言，答案恐怕是否定的。

由于蔓延而带来生活不便的人群中，最大的一个群体无疑是中产阶级的上班族。这些人生活质量的下降也许没有老人和儿童那么严重，但一系列统计数字仍然令人忧虑：假设从你家到单位的车程是 1 小时，那么每年你至少有 500 个小时消耗在汽车里，相当于 12 个工作周。而我们的社会每年给公民休假的时间只有 2 周~3 周，

美国人必须这样度过他们的业余时间。

相比之下，前面的数字真是令人瞠目结舌。

20世纪初期的劳工运动为美国人民争取到了8小时工作制，这个主张由于能够提高普通国人的生活质量而广受拥护。8小时工作制实现了这样一个重要的目标：每天为人们解放出两小时用来追求幸福的生活。对于不同的人来说，这两小时有着不同的意义。有的人用来参加家庭和社区的活动，有的人则花在体育运动或是泡咖啡馆上，还有的人用于读书，近年来也有很多人用来看电视（这样做的好坏姑且不论）。总而言之，这两小时为美国中产阶级的工作者们提供了体验日常休闲生活的好机会。

而现在，很大程度上是郊区土地的使用模式使然，8小时工作制又回到了10小时工作制。曾经是那么丰富、有趣、创造出大量社会价值的两小时，而今却变成了最压抑、最讨厌的两小时。如果这些时间花在上下班的火车上，情况还略微好点，至少人们可以借此时间闭目养神、读报纸，或是玩填字游戏。而当人们自己开车时，却什么也做不了。有的人坚称他们喜欢这长达1小时的车程，也许他们说的是真心话吧，但是如果环境允许，难道他们就不愿意把那12个工作周的时间以及每年花费在那并不昂贵的第二辆汽车上的6000美元，用来安排一次豪华的度假吗？

这种情形所导致的悲剧性后果就是，这些时间曾经是父母用来同子女共享天伦之乐的，而今，一边是被耗在汽车上的父母，另一边是被仓储式地存放在电视机前的孩子们，因为他们靠自己是到不了其他地方的。我们成年市民的活动地点已经转移到了公路之上，而孩子们的则变成了电视机①。

这费时费力的上下班通行，还远远不是人们浪费在交通上的全部时间。在郊区的汽车出行中，有 80% 与上下班无关，⁶而是用来完成一些以前步行就能实现的短途出行，例如去商店、学校、公园以及朋友家等。随着步行这种有益身心的常见运动的消失，美国成年人的平均体重在 10 年中增加了 8 磅，近 60% 的美国人体重超标②。

郊区不但损害了中产阶级的业余时间和身体健康，还让他们蒙受经济损失。尽管欧洲的燃油价格是美国的 4 倍，但是一个典型的美国家庭花在交通上的钱却是欧洲家庭的 4 倍。关于美国郊区家庭的经济困境，我们可以用来自休斯敦的 Peter Brown 的一篇笔记予以总结：

> 我们家有五口人，令我悲哀的是我们也有五辆汽车。每年我们在这些汽车上花的钱超过 2.7 万美元。我有一部汽车，用于工作和休闲；我的前妻也有工作，所以她也有一部车；儿子在 Fort Worth 上大学，所以他也有一部车；大女儿也必须开车才能去学院和兼职工作的单位；小女儿最近刚刚拿到驾照，她也有一部汽车用来上学和上音乐辅导班。汽车对这几个孩子的社会生活至关重要，因为我和前妻都无法从工作中抽出空来接送他们，当然他们既不愿

---

① 如果家长有搬到郊区的打算，请先问自己一个根本性的问题：你们想让孩子花多少时间来看电视？有一项研究对住在加州郊区和 Vermont 小镇的 10 岁儿童进行了对比，结果显示，Vermont 小镇的孩子能够独立到达自己想去地方的机会是对方的 3 倍，而 Orange 郡的孩子用于看电视的时间则是对方的 4 倍 [Peter Calthorpe，《下一个美国大都市》（*The Next American Metropolis*），9 页]。难怪 Philip Langdon 认为有必要指出："现代的土地细分式住宅区是使人变傻的机器" [Langdon，《更好的居所》（*A better Place to Live*），49 页]。有的人甚至发出疾呼，现代土地细分式住宅区是令人悲哀的去处。在一个极端的郊区案例，即加州 Santa Clara 郡中，20 世纪 80 年代初期这里的离婚数量比结婚数量还要多 [Langdon Winner，"硅谷迷屋"（"Silicon Valley Mystery House"），46 页]。

② "绝大多数美国人体重超标"，《纽约时报》（*The New York Times*），1996 年 10 月 16 日，C9。根据美国疾病控制中心的统计数字，22% 的美国儿童过度肥胖，这一比例是 10 年前的 2 倍（Kilborn，A21 ）。

意也不指望这个。更可怕的是，我们没有经济能力给孩子们买汽车碰撞保险。
如果他们中谁的车撞坏了，而责任又在自己，那么修理汽车的费用将非常高；
如果整个车子都被撞毁了，我们就必须再买一辆。

由于认识到汽车依赖带来的巨额开销，Philip Langdon 提议设立一个新的全国性假日"汽车独立日"。也就是说到了这一天，我们挣到了年薪的 1/4，而这些钱恰好够我们每年养车的花费。[7]真是太巧合也太恰当了，这一天不就是愚人节吗？

破产的市政府

那些为适应汽车环境而导致效率低下、进而蒙受经济损失的机构和组织，也是蔓延的受害者。其中受害最明显的，就是郊区的地方政府。政府必须为建于远处的住宅提供必要的配套服务，而这些住宅所缴纳的税款却不够这些服务的投入。位于 Milwaukee 郊区的一个 2.5 万人口的自治市——富兰克林市——就是这样的例子。该市曾于 1992 年进行了一次细致的成本分析，结果发现，一套新建独立住宅向市政府缴纳的地产税是 5000 美元，而市政府为它提供的配套服务却要耗资 1 万美元。[8]这种蔓延式开发所导致的低效率，其损失是通过增加全体居民纳税额来弥补的，就连那些住在高效率的老邻里社区中的人，也要一起买单。

地方政府唯恐出现财政赤字，于是使出浑身解数来对付蔓延产生的这些费用，而这其中有很多都是目光短浅的做法。腹背受敌的市政当局，不去支持高密度、高效率、能经济自我平衡的开发模式，反而依靠一些扬汤止沸的权宜之计，例如：禁止开发学龄儿童居住的项目，或是干脆拒绝扩建污水处理设施——这就直接导致了占地广大的化粪池的蔓延。有些市政当局乃至一些州政府，甚至要求开发商预先支付土地细分式住宅区开发可能产生的配套服务费用，而这些钱最终则转嫁到购房者身上。以上这些做法，暂时解决了市政当局的资金危机，却丝毫没有减少蔓延开发模式所导致的本质上的浪费。它也进一步加剧了因收入差别产生的社会隔离，因为郊区土地细分式住宅区的住宅越来越贵，只有富裕阶层才负担得起。

另一个在应对蔓延的道路上步履维艰的机构，就是美国邮政管理局。一位前任邮局局长向我们解释了大量游资的去向：这些钱大部分都用在向郊区边缘地带运送邮件的吉普车和货车上了。这些车辆是邮局频繁提高邮价的主要原因，也使得过去邮差靠步行挨家挨户送信的方式变成了现在住宅区入口处的铝合金集体信箱。城市主街上的邮局，以前曾被视作社交中心，而现在它们却濒临灭绝。因为这些小规模的服务地无法停放大型汽车，所以它们最后都会被合并为一个超大规模的邮局，并驻扎到郊区边缘地带。

对犯罪的预防也受到蔓延的负面影响。减少犯罪的最有效手段，就是社区警察的巡逻。警察们开着没有警局标志的车在街道巡视，并成为邻里社区的一部分。但是社区警察和步行邮差一样，只有城市布局达到一定的密度，他们才能发挥作用。很难想象在现代的土地细分式住宅区里，让社区警察在那些尽端路上穿进穿 出地巡逻。警车就连在郊区执行任务都有困难，因为路途太远，而且到达这些地区的道路往往只有一条。有一些郊区的自治市，警方对报案的响应时间通常需要 20 分钟甚至更长。

土地细分式住宅区的居民们已经意识到了郊区警察的低效率，正因为如此，许多人出高价雇佣私人保安。的确，这种私人保安常常是很必要的，因为郊区也开始显现出同城市一样的社会疾病——犯罪、破坏公物、毒品以及帮派——这些不正是当初促使人们逃离城市前往郊区的原因吗？真正的警察是以维护法律与秩序作为首要职责的，而私人保安则不同，他们是"雇佣枪手"而非公职人员，只负责执行雇主委派的任务。糟糕的是，这些任务常常会造成对来访者的折磨，因为这些来访者的形象可能达不到一定的社会经济或是种族等级——除非手里拿着拖把或是推着除草机。

寸步难移的穷人

在郊区化的迫害下最为无助的群体，却并没住在郊区。他们被遗弃在城市中，处于日益分化的两极社会的最底层。将穷人排斥于富人领土的大门之外，这也许是郊区化的最不平等之处，但绝不是郊区化的最突出问题。因为富人们一向喜欢把自己和略逊一筹的阶层分开，郊区只不过出色地迎合了这一需求而已。真正严峻的问题是：贫困人群越来越集中地滞留在内城地带。也许在美国观察家的眼中，这种极端的贫富隔离现象十分自然，但是这绝对不是我们国家前进过程中不可避免的结果。政府大可以通过政策阻止这样的事情发生，但他们却毫不作为。非但如此，政府反倒在很大程度上推动着郊区蔓延，在此过程中，他们也没有出台任何鼓励融合不同的住宅模式或是接纳不同收入阶层的社区建设政策。从某种意义上说，我们的政府只完成了一半的工作：他为人们提供逃离城市的途径——公路系统和低廉的住宅贷款——却忽略了这些资源的合理分配。由此导致的郊区开发中的社会等级分化，夹杂着基于种族之争的"白人出走[①]"事件，至今仍在持续着。

不论事情原本能否避免，事实是：现在内城已经成为美国最弱势群体最集中的地方，而蔓延还在不断加剧这一状况。郊区化的两个方面给城市贫穷人士带来致命打击：一方面，政府为服务郊区而投资兴建的快速公路系统，将很多内城邻里社区肢解割裂；另一方面，市内公司的迁出与撤资，致使市区居民的就业机会锐减。

建于 20 世纪 60 至 70 年代的新公路系统，设计初衷是为了让住在郊区的人们更便捷地进出市区，这些公路设置在尽可能便宜的土地上，而这些土地通常都是向最贫穷的邻里社区征来的。现在回想起来，这些建于内城的公路所造成的后果是如此可怕，让我们不能不怀疑其险恶的社会意图。还有一件事情，虽不引人注意，

[①] 出现在美国 20 世纪 60 年代的"白人出走"（White Flight）事件，被认为是由于非裔美国人大量居住在城市内部，白人大批搬向郊区。一译者

但极具破坏力，那就是在低收入人群居住的邻里社区中，很多街道被加宽，并且取消了路边停车，目的就是为了方便那些来自遥远郊区的过境车辆。虽然这种戕害社区公路的时代已经过去，但对道路的拓宽却仍在继续。这些对汽车配套设施的经常性投资，虽然由于规模不大而未能引起公路反对者的注意，但仍然足以将社区凌迟至死。以前几乎每个大城市都能见到一些既便利行人也便利商家的街道，而今，这些街道所属社区却不断地自掏腰包将其拓宽，主要就是为了让郊区的上班族能更快捷地到达这里。诚然，将郊区人士吸引到城市里来是个值得尝试的办法，但绝不能把当地街道变成危险的快速道路作为代价。

住在市区的贫穷人士更关心的一个问题是，工薪阶层赖以维生的许多工作正在逐渐消失。如果能有适量的公交车，使穷人们能够往返于市区的家和远郊的单位之间，那么公司大举迁移到都市边缘所造成的危害就会有所减轻。遗憾的是，郊区绝大多数新的工作单位，都只有驾车才能到达，汽车成了那些渴望工作的穷人们无法逾越的鸿沟。

最近有一次，我们在华盛顿市郊等出租车的时候，看到一位在酒店工作的黑人也在试图叫出租车。但很多出租车与他擦身而过却不停下，于是我们拦住一辆车并邀他一同搭乘。后来我们才知道——要继续这份薪水微薄的郊区工作，每天25 美元的出租车是他唯一可选的交通方式。郊区工作的难以获得，已经成为贫穷问题恶性循环的主导因素，它甚至被列为克林顿政府福利改革计划中的关键议题，该计划要求国会拨款 6 亿美元用于资助福利性的交通项目[①]。

针对这种困境，经常被提出的一个方案就是：由政府提供班车。但这个方法在时间安排上非常死板，而且由于郊区工作的地点过于分散，班车必须在拥挤的

---

① Michael Philip，"依靠福利的城市穷人需要搭车——去郊区上班"（"Welfare's Urban Poor Need a Lift to Suburban Jobs"），B1. 美国国会的一项研究表明，2/3 的新就业岗位在郊区，而领取福利金的人则有 3/4 生活在市中心或农村。此外，95% 的福利受助者没有汽车 [Hank Dittmar，"国会在 21 世纪交通运输公平法案中的发现"（Congressional Findings in Tea—21"），10 页]

车流中依次抵达每个地点，这样一来，经常要在路上耽搁好几个小时。或许，免费为穷人提供破旧的汽车是个更有效的办法，有些慈善机构正在这样做。我要再一次重申：显而易见，这种以车为本的郊区模式，其本质上的低效率是它最为无情之处，它对于无车人士的伤害更甚于对有车族[①]。

　　贫富分化导致的最后一个问题是地方政府层面的：富城市和穷城市诞生了。富裕的城市拥有良好的基础设施、完善的公共服务、高质量的学校以及良好的管理，所有这些都来自高端的商业和居住税收的支持。而贫穷的城市却只能拥有衰败的自然环境、可怜的不完备的公共服务、极其有限的可征税收以及在工作机会、商业和房地产投资方面的吸引力匮乏。联邦政府慷慨提供的住房津贴以及其他各种协助形式——例如中途之家（halfway houses）、康复中心、流浪庇护所等——将这些穷人集中到了贫穷的地方，这就使其贫穷的特点进一步制度化了。

　　这种状况由于蔓延的耗资而被不断加剧。无论穷城市还是富城市，都在用自己的财政税收负担着远处新建的工程。明尼苏达州（Minnesota）的国会议员Myron Orfield 曾有力地揭示出居住在破败城市中的穷人是如何补贴富人们的郊区王国的。在明尼阿波利斯－圣保罗地区（Minneapolis–St.Paul），中心城市每年的污水处理费用，要在自己实际用量之外额外加付 600 万美元，这样市议会才有财力把污水管线扩展到日益缩减的农田地带中去[②]。这种做法根本就不公平，这些社区自己都在苦苦挣扎求生，还要被迫去帮助建设那些掳走了它们的人口、工作机会和生机的郊区。

　　对穷人损害最大的一点就是，美国社会好像永远都有新的建设项目。对新事

---

① 有个更好的策略是这样的：要求所有工作场所必须建设在距离公交站点步行可达的范围内。地方的土地区划法规就有这个权限，联邦政府也可以进一步将其作为获得联邦交通拨款的先决条件。

② Myron Orfield，《大都市》（Metropolitics），71 页。不仅如此，内城家庭支付的补助金是整个区域平均水平的 1.5 倍。雪上加霜的是，这些基础设施根本就是不必要的，因为在明尼阿波利斯－圣保罗地区，这些污水处理设施的服务区域中有将近 1/4 根本还没有开发（72 页）。那么为什么还要建设新的污水管线呢？原因非常复杂，但其中或许有个因素就是：为了使那些私有农田增值。

物的追捧自然会导致对旧事物的遗弃。当我们忽略了那些老的邻里社区的时候，同时也忽略了那里的居民。但凡有些能力的人，早已迅速逃离了衰败的城市，而没有能力离开的人就陷在此地了。他们身边既没有任何支持，也没有成功的鼓舞，等待他们的只有一代接一代贫穷的恶性循环。这个被遗弃的城市还将继续这样遗弃它的市民，除非我们能迎来一种健康的城市生长模式，一种不再一味追求幻想的东西而是珍视眼前现存事物的模式。

第八章
城市与区域

郊区良性发展的可能　对城市有益的郊区

区域规划的八个步骤　环境运动的典范作用

毫无疑问……，从古至今，人们都在大量地涌入城镇之中。

——Frederick Law Olmsted（1877）

……我们应该以离开城市的方式来解决城市问题。

——Henry Ford（1922）

郊区良性发展的可能

前文已经讨论了城市的发展演变以及两种截然不同的城市生长模式。我们也用了更多的笔墨来探讨新建地区的设计，而不是现有地区的改进。新的建设正在以一日千里的速度飞快地进行着，而且对较老地区的重建影响极大，在这样的背景下，我们的尝试是非常有意义的。但与此同时，目前的状况也提出了很多重要的问题：郊区的生长能否以不破坏，原有城市的方式进行？在新的开发建设中，我们学到了哪些能使城市更适宜居住的方法？我们怎样才能让开发的焦点从乡村边缘重新回归到被遗忘的城市中心？

要回答以上问题，首先我们要明白的一个事实就是：位于美国市镇中的绝大多数老的邻里社区，其组成元素和郊区是相同的。美国城市中除了中心商务区以外，几乎所有用地所包含的功能都和本书前面所探讨的郊区那几大类功能相同，其中最多的就是独立住宅。如果我们把美国的城市巡视一番，就会发现，除极个别案例之外，几乎美国所有典型城市的街道——无论是波士顿（Boston）、芝加哥（Chicago）、明尼阿波利斯（Minneapolis），还是圣·路易斯（St.Louis），抑或西雅图（Seattle）——都是由一至三层建筑排列在侧的，而且这些建筑大多是独立式的。

显然可以肯定，郊区生长只要采取正确的方式，是能够成为一条健康、自然的城市发展之路的，后文将进一步阐述。在第九章，我们将讨论的是：有许多已经用来指导新建地区的原则同样也适用于现有邻里社区的改造。过去10年的经验证明，运用这种杂交式的方法能够建造出最好的内城地区。从西棕榈滩（West

郊区化的城市：美国大多数城市主要都由独立住宅构成。

传统城市的传统规划：在克里夫兰（Cleveland）市中心区新建的廉价住房（共计81户）有机地包容到现有的住宅建筑之中。

Palm Beach）商业中心区的复兴，到克里夫兰（Cleveland）市中心区廉价住宅的改造，邻里社区的设计手法始终能最有效地使这些老的邻里社区现生机。有很多适用于小型邻里社区的设计手法同样适用于内城地区，因为绝大部分美国城市都是由小城镇发展而来，而绝大多数城市商业中心区都是由普通的主街演变而来。所不同之处在于密度，而非组织方式。事实上，传统邻里社区的最大优点也在于此——密度的加大只会使其更好地发挥作用。当然，内城也有一些自身特有的情况与问题，我们将在下一章对其进行讨论。

对城市有益的郊区

　　许多美国城市都有自己的郊区，这些郊区对城市中心的健康发展功不可没。因为郊区通常都很靠近城市商业中心区，因此郊区居民便自然参与到城市的生活、工作与购物活动中。郊区作为自治城市的组成部分而缴纳税收，这些钱就可以为那些经济困难的地区助一臂之力。正因如此，位于城市行政边界之内的郊区，或许是为美国城市经济带来繁荣的最具决定性的因素。那些继续带着自己的郊区共同跨入 20 世纪的城市——明尼阿波利斯（Minneapolis）、西雅图（Seattle）以及凤凰城（Phoenix）。总的来讲，它们在财政上都十分成功；而那些失去郊区的城市——华盛顿（Washington, D.C.）、费城（Philadelphia）以及迈阿密（Miami）——则面临着郊区竞争带来的破坏[1]。

　　凤凰城（Phoenix）的例子提醒我们，城市的健康远比经济生存能力重要得多。

---

[1] David Rusk 在其著作《没有郊区的城市》（*Cities without Suburbs*）中用数据证实了这一点。但是，将所有收益限制在城市边界范围以内的做法仍然值得质疑——依靠这种放弃市中心而效率低下地向外蔓延的做法，城市结构还能自我维持多久？普华会计事务所（Price Waterhouse）的 David Petersen 进一步提出，要维持城市区域的可持续发展，必须在城市商业中心方圆 1 英里（约 1.6 千米）的范围内有足够的居住、商业、娱乐设施［David Petersen，"城市中心的明智生长"（"Smart Growth for Center Cities"），51 页］。

在阳光地带（Sun Belt）的众多城市中，有很多像凤凰城一样：城市生活几乎消失殆尽，居民对生活质量怨声载道。这就引出了城市健康的第二个决定因素——郊区是否应采用公共交通的模式？凤凰城之所以不能保持一种适宜步行的商业中心区形态，就是由于这样一个现实——人们若不开车便很难到达那里。在当前道路与停车场设计规范的严格限制下，城市建设密度是无法保证的。美国城市土地中有 1/3 至 1/2 被用于汽车的行驶或停放，这个比例在洛杉矶更高达 2/3，而休斯敦（Houston）的居民平均每人拥有 30 个沥青停车位。[1] 凤凰城商业中心区的大部分空间充斥着和郊区等量其观的汽车景观，这正是因为该城市的郊区没有提供高效的公共交通系统。休斯敦也存在同样的缺陷，使得那些前来造访休斯敦社交中心的人们，眼前看到的却是大型购物中心[1]。

前文已经明确指出了，唯一能提供高效的公交系统的城市模式，就是拥有混合用途中心和 5 分钟步行半径的邻里社区。只有在邻里社区的结构下，居民才能很容易地步行到达巴士车站和有轨电车站。除了这种建立在邻里社区基础上的公交方式外，还有一种选择就是"驻车换乘"[2]，可以将郊区的居民通过公交方式带到城市里来—前提是如果它真能发挥作用。然而遗憾的是，所谓"驻车换乘"只不过是"联运转换"——从一种交通方式换到另一种的又一种叫法而已。这都是交通工程师的空话，因为大多数上班族一旦坐上了自己的汽车，就意味着他们将一路开到目的地。若想真正发挥公共交通的作用，就必须使其站点位于乘客的步行可达范围内。尽管"驻车换乘"的方式在费城（Philadelphia）干线和长岛（long Island）铁路线这些老的铁路线上颇有成效，但在其他地方却鲜有建树。如果人们

---

① 这种状况也许不会持续很久了，因为新兴起的一项名为"重返城市"（back-to-the-city）的运动，将为休斯敦建设出能与 Galleria 大型购物中心一较高下的城市商业中心区。大多数东部沿海城市的居民都和满腹苦水的郊区居民一样，仓促之下草率向郊区蔓延妥协，转而依赖失败的公路系统生活。有趣的是，休斯敦的城市居民却不这样，他们近期在城市商业中心区的住宅项目的巨额投资，应该很快就会扭转局面。

② 驻车换乘（park-and-ride）是指将自用车辆在公交站点附近存放后，改乘公共交通工具到达目的地的行为。——译者

觉得开车去城市商业中心区并把车停在那里，并不是一件痛 苦的事，那么他们就永远不会热衷"驻车换乘"的方式。

除了使公交站点位于大多数住宅步行可达范围内，郊区还可以通过怎样的途径造福城市呢？首先，我们必须认识到二者是彼此依赖的。区域规划的一整套规范，正是基于这一点。而人们对区域规划了解很多，实践却很少。少数几个开始进行区域规划的城市，正在成为越来越受欢迎的迁居地，例如俄勒冈州的波特兰（Portland）。

区域规划是以人们日常生活的范围来管理城市的生长。如果仅是局限于单独的城镇或城市的规划，则很难见到成效，大多数人会因为工作和购物的需要而跨出规划范围。对于新英格兰地区的一个小村庄而言，如果它为了保护自己的主街而将沃尔玛驱逐出境，但与此同时，高速公路远方的郊区却对沃尔玛展开欢迎的怀抱，这样做对这个小村庄有什么好处？任何试图控制蔓延的城市，都面临着税收流向周边城镇的危险。只有在区域的范围内进行统筹规划，才能产生有意义的影响。

缺乏区域统筹正是困扰邻里社区设计者们的难点问题，特别是在亚特兰大这样的蔓延城市。设计师们需要千方百计地去获取许多项土地区划特别许可，还要改写工程规范，这一切都是为了建造一个适宜步行、混合用途的邻里社区。但是，尽管这些社区带来了生活品质的提高，但是要想走出社区到其他地方，仍然离不开汽车。只有当这样的邻里社区与整个区域的公交系统实现很好的衔接时，周边的地区才真正具有可达性。然而与此同时，周边土地细分式住宅区的布局，却使公交系统的运营成本高昂得难以承受。

要建立区域性的规划机构，主要难点在于：现存行政区主体的规模都和区域规模不相称。城市太小，州太大，而县郡的边界又在蔓延的冲击下变得模糊不清。仅有的几个典型的区域规划，大多也只是为了解决偶然涉及的区域范围的某个问题而聚到一起的——通常都是环境危机的问题。例如南佛罗里达州水资源管理区，就是为保护 Everglades 国家公园而设立的，它是唯一一个权力大到可以为从棕榈滩到迈阿密的整个大都市区域制订规划的机构。与此相似的另一个区域规划案例，是南加州政府联合会在洛杉矶大都市区域范围内进行的大气污染治理行动。这些组织无论来自何处，都有一个共同之处，那就是：意识到自己的职责不仅限于原来受命从事的工作，并开始投身于抵抗蔓延的战斗之中。可惜，这些机构的数量太少了，而且人们对于它们的需求也极为有限。

从联邦政府的层面上看，达成共识的一点是，各个地方政府在诸如交通等少数问题上是彼此依赖的，这就是为什么要成立区域性的"大都市区域规划机构"（Metropolitan Planning Organization）来统一管理交通运输业资金的原因。但是，区域范围内的社会与经济问题却由于缺乏量化而未得到重视，就更别说资源问题了。所以，要在联邦－州－郡－城镇这个行政等级体系中再增加一个新的行政等级，恐怕很难得到广泛的支持[①]。

很显然，区域规划经常会和地方的想法发生冲突，这也使它的推进困难重重。由于要顾及当地居民和商家的近期利益，即使再好的规划方案到了实施的时候也会被大打折扣。举例来说，在南佛罗里达州有一条非常引人注意的城市行动口号，称为"向东方去！"，该行动通过鼓励内填式开发项目来对抗向西逼近 Everglades 国家公园的蔓延。作为对这一口号的响应，一年之中单针对一个城市，开发商们就提出了 27 个不同的土地开发项目提案，他们逆潮流而上，试图做一些正确的事情。然而，这些项目最终无一获批，都要归功于地方政府不愿面对少数持不同意见者。这 27 位开发商的一番好意付诸东流，浪费了整整一年的时间后，他们不得不信服——好人未必有好报。

---

① 如果建立不太正式的区域性联合机构，可能会相对容易一些。例如 1929 年成立的纽约"区域规划协会"（RPA），是一个很有影响力的非营利性组织，旨在突破行政边界，使整个三州（Tri-State）地区协调发展。该协会坚持自己的城市发展方针。他们最近的一项提议就是倡导郊区环线的公交系统要衔接贯通。要制订真正意义上的区域规划是很难的，这一点从堪萨斯城的市长 Emmanuel Cleaver 最近同其周边郊区政府签署的所谓"互不侵犯条约"（"Non-Aggression Treaty"）协议中可见一斑。不过，只要是面向区域层面的思考，哪怕只有很小的一步，也是值得表扬的。

另一个例子是迈阿密（Miami）在 1985 年耗资 13 亿美元建造的高架式城市轨道交通系统。来访者经常会有这样的疑问：为什么这个轨道交通系统既不连接迈阿密国际机场，也不连接迈阿密海滩呢？这可是该城市客流最大的两个地方啊。原来，出租汽车行业的游说对城市轨道交通系统的路线制定产生了强大的影响——轨道交通系统效率越低，出租汽车行业的获益才越丰厚。显然，如果缺乏了有效的区域政策指引，也就无从谈起有效的区域规划了。

令人欣慰的是，虽然区域规划的执行具有很大难度，但至少其原理是很直白易懂的。它的首要目的，就是以环境健康、社会平等、经济繁荣为宗旨来组织大都市地区的城市生长。这听上去很简单，但做起来则不然，因此，我们将在下文阐述区域规划在理想状态下的八个步骤。

区域规划的八个步骤

1. 承认城市生长的存在

任何恢复性工作的第一步都是要正视问题的存在。区域规划也不例外，想象让城市停止生长，这是一种逃避的形式。所谓"零生长运动"，即使成功，也维持不过一至两个政治时代，而且它还经常成为彻底放弃规划的一种借口。这样的局面到了最终崩溃的一刻（这是不可避免的），城市生长就会迅速卷土重来，而且是以更可怕的形式到来。

这种事情进展的普通表面背后，隐藏着深层的经济原因。停止城市生长最终会导致房地产数量的稀少，从而使其价格严重膨胀。与此同时，在潜在的新建项目丰厚收益的鼓动下，建筑业将不遗余力地展开大规模的游说，这些游说在住宅资源短缺的背景下也确实无可指责，这种政治压力是我们的公仆们无法视而不见的。

承认了生长的必然性，我们就要进一步承认，要解决生长的问题，就需要多个行政管辖区共同努力。当今大都市的城市生长，通常都伴随着中心城市的人口、就业岗位以及税收的流失。将新的建设从衰败的旧社区中剥离出来所引发的社会不平等现象，必须在各个地方政府的协同努力下才能解决。可惜的是，每个政府都崇尚绝对的政治自主权，所以没人愿意这样去做。

2. 建立永久性的乡村保护区

蔓延所带来的最大灾难之一就是，它造成了居住地区周边农田和野生环境的损毁。城镇曾经可以依靠本地资源而满足居民所需食物，现在却再也无法自给自足了。毫无疑问，一旦交通运输基础设施出现一个小小的中断，我们就会立刻体会到过去自给自足的生活模式已经离我们有多遥远了。类似的情况还有：以前，大多数美国城市都能让市民方便地接触自然，而现在，人们却要大费一番力气才能逃出城市的包围圈。在 William Gibson 的科幻小说中，他将 BAMA（Baston-Atlanta Metropolitan Axis），波士顿 – 亚特兰大大都市轴，描述成一张连续而蔓延的地毯。而现实的发展趋势告诉我们，这种情况很可能成为事实。

保护乡村地区的首选方法就是设置城市生长边界：用一条线来限定大城市的边界，关于该做法的一个很出名的例子就是俄勒冈州的波特兰市（Portland）。这样的边界有时候能发挥一定作用，但很少能够成为长久的解决办法。来自政治上的压力迫使这些边界最终还是向外扩展，即使是为人称道的波特兰市的边界线也时常面临立法的挑战[①]。除此以外，还有一个更现实些的方法，那就是建立乡村保护区，也就是设置若干独立于中心城市之外的保护地带。乡村保护区不同于城市生长边界，它是以客观的环境标准为依据的，因此它所受到的来自开发压力的影响，与那些主观而武断设置的边界相比要小得多。这是一条有效的农村边界，其划定依据是由法律支持的。被确定为永久性乡村保护区的用地包括水体及湿地、濒危

---

① 事实上，波特兰的例子也并不是一个无可挑剔的成功案例。这条线并不是划在最初的城市边缘上，而是在历经 20 年城市生长的迫害之后，才在距离原有城市边缘数英里以外的地方划定了边界线。现在，由于高速公路的拆除、轻轨系统的引进以及其他大量明智的建设投资，该市的中心区已呈现出很好的状态。尽管如此，在这个边界之内，还是充斥着面积高达数千亩的世俗化的蔓延式建设。现在，蔓延正在逼近这个边界，而波特兰那些从未听过 "不" 字的开发商们更是难惹，他们正在不依不饶地为他们的扩张而斗争。

物种及生物群落的栖息地、森林及大片林场、陡坡、文化资源、自然风景区、公路视野景观、农业用地①以及当前和未来的公园用地。乡村保护区应该尽可能地形成连续的绿带，为野生动物的活动提供最大限度的便利。乡村保护区边界是依据地形来确定的，因此和城市生长边界可能有所区别。环保主义者 Benton MacKaye 将这种乡村保护区形容为"控制大都市泛滥的堤坝"，²并主张将这个绿色地带延伸到城市内部，和城市公园系统结合在一起，就像华盛顿的 Rock Greek 公园那样。

3. 建立临时性的乡村保留地

乡村保留地不同于乡村保护区，而是被证明适宜未来开发的高品质土地。它所包含的旷野、牧场以及小片的林地都非常靠近基础设施。这些土地的保留是用于高品质开发，即紧凑的居住社区建设，而非那些占地两亩（约 8094 平方米）的豪宅。然而令人难以置信的是，有很多市政当局却企图依靠只允许大块土地开发的政策来保留开发空间，而这其实只会造成未开发的土地更快地被征用。

4. 确定廊道

廊道是区域层面上的元素，它既是分割不同地区的界限，又是将其连接起来的通道。这些廊道既可以是人工建造的，也可以是天然形成的；既包含水路、野生动物走廊、方便行人和骑单车人士的连续绿色通道，也包括供汽车和卡车行驶的公路，以及铁路。确定铁路沿线廊道的意义尤其重要，因为它给以公共交通为基础的开发项目提供了契机，也是城市生长最为理想的方式。只要条件允许，我们就要尽量效仿那些历史悠久的、拥有电车的郊区，将未来的开发组织在公共交通廊道的沿线。

---

① 目前，一场关于怎样在开发压力之下保护农业用地的讨论正在进行，但该讨论令人十分沮丧。据说，我们的星球面临着无法养活其居民的人口危机，但这一危机感却仍未能唤起人们对农田价值的重视。事实上，许多美国郊区农民正在认真考虑参与"开发商买断退休计划"。无论开发建设是出于何种现实目的，农田一旦被侵占，就将永远不复存在。设立一个项目用于保留一定比例的农田，直到这些土地依靠自身生产能力就能获得高地价，这不失为一个明智的做法。同样，跃然意识到了资源的有限，我们就应该在农田分布上做出规定，使每个城市的周边都要确保一定的农业保留区，使该城市无须耗费过多的运输和能源成本，就能做到食物的自给自足。其实，早在一百多年前，Ebenezer Howard 就提出了这个主张。

5. 设立优先开发地区

并设立旨在鼓励在此类地区进行各种开发的鼓励措施。这样一来，目标就十分明确了，那就是反抗目前来自政府和市场的压力——开发商在城市开发（"城市内填项目"）中所获得的利益比他们在农村"耕地"边缘开发获利要少。这些优先开发地区包括（以优先程度为序）城市内填用地，郊区内填用地，现有以及未来的铁路站点，城市在现有邻里社区周边的扩展，以及主要道路的交叉口地区。该做法非常理想的一点就是，审批机关可以按照这一顺序来受理开发申请。例如，只有在所有城内填项目的开发申请全部处理完毕后，再审查关于城市扩展的申请。

6. 为真正遵循邻里社区模式的开发项目设立积极的许可程序

比如在可开发地区内建设完整的邻里社区，或是完善现有的邻里社区等，并由地方政府委派调节员协助管理该地区的建设。这位政府官员的职责不是制造官僚阻力，而是要尽快地审查该项目。必须让人们明白，邻里社区建设许可证的获得，比蔓延式建设更容易、快捷、有把握。这些邻里社区必须要通过类似附录 A 中所列的传统邻里社区开发需达到的标准列表那样的资格审核。或者更好的做法是，这些开发项目应该依据旨在鼓励混合用途邻里社区而专门制定的新的土地区划法规。传统邻里社区开发规则就是一例，我们将在最后一章讨论这个问题。这个支持邻里社区建设的政策必须适用于各种用地，无论是有限开发地区，还是临时性的乡村保留地。

7. 将其他所有类型的开发以分区方式进行

并且必须通过严格的公共程序审核批准，例如提交文件证据、证明开发用途的合理性等。完全实现土地的混合使用是不切实际的，因此会存在一切以单一用途为主导的区域。比较合理的单一用途区域主要包括市政建筑、医疗机构、校园、大规模的农业区或有害的工业区、仓库、车站、码头以及娱乐场所。不合理的单一用途区域包含的则是蔓延的各组成部分：土地细分式住宅区、购物中心以及办公园区；理论上，这类开发应该被取缔。

8. "好东西"要与大家分享

在地方土地利用方式中，不受欢迎的是那些影响巨大的（如垃圾处理厂和发电厂）和俗不可耐的（例如那些规模庞大的学校，它们导致了高密度的交通，进而产生大量有毒的汽车尾气）。经济适用房、流浪庇护所以及为贫穷人士服务的其他设施，都是颇具争议的"好东西"；大家都承认这些设施的必要性，对于设置地点也意见统一：放到别人住的邻里社区去。负责任的区域规划应该认识到，即使再有特权的阶层居住的社区，都必须安置上述社会福利设施，无论它们多么不受欢迎，都是这些人理应承担的责任。这些"好东西"必须在没有地方政治压力的情况下合理分配，否则很容易被安置在错误的地点。例如，如果没有区域分布上的规定，经济适用房便很难进入中产阶级所在的邻里社区，尽管这些社区是最适宜建造经济适用房的地方。负责任的区域规划应该以"公平"为基本行事原则。

上述的八个步骤，承认并接受美国房地产行业的现状，这一点和现在那些反对城市生长的团体们一厢情愿的想法是不同的，该流程最实用、同时也是最受欢迎之处就是：它鼓励好的开发，并认为企图中止一切开发的做法无异于政治自杀。而且，该流程将时间这一资源转化为一种资本，事实上现在的官僚机构们正是这么干的。开发商们已经被大多数地方审批机构磨得极富耐心了，他们可以花上几个月甚至若干年来等待一个许可证。但是，对于房地产行业来讲，时间就等于金钱。从这个意义上讲，如果审批机构对好的开发项目能快速审批许可，无异于给了开发商大笔的金钱奖励。在这种情况下，坏的开发就没有必要废除了，只需让它们继续经受现在这种漫长的审批程序就可以了，这种等待会让人不堪忍受。

在这八个步骤中，鼓励建设真正邻里社区的第六步也许是最为重要的，但它也是最容易被忘记的一项。在缺少邻里社区结构的新开发项目中，及时是最好的规划努力也是徒劳的。在此，迈阿密又成为一个具有启发性的例子。以普通的规划标准来衡量，该市的城市建设应该说是非常出色的。自1957年以来，它就已经拥有了一

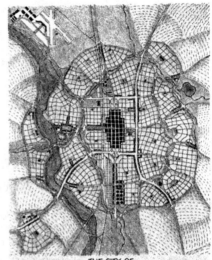

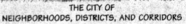

健康城市是健康区域的基础：城市的扩展应以完整的邻里社区的形式进行（Thomas E.Low 绘，DPZ 建筑设计事务所）。

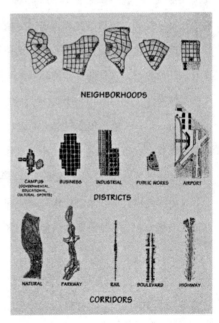

健康区域的组成部分：邻里社区，地区，还有交通走廊（Thomas E.Low 绘，DPZ 建筑设计事务所）。

个专门的政府区域（迈阿密－戴德县，Miami-Dade County）；也拥有服务于整个县的统一学校区域，因而避免了由于学校质量而导致的搬迁；该市还划定了一条紧邻 1976 年城市生长边缘的城市边界线；与此同时，迈阿密还拥有一流的区域公共交通系统，包括商业中心区的载客电车，一个完整的、可以将人们运送到数英里之外的目的地的公共汽车网络以及仅停靠 27 个站点的架空捷运系统。

迈阿密没有达到它本应达到的水准，无论是环境质量、社会公平、还是生活品质。无须罗列数据来证明这一点，我们只需开车在该市的西郊走上一圈，就会信服这种说法。迈阿密城市规划中所缺失的，是邻里社区：一个支持混合用途、便利行人、公共交通完备的社区生长结构。如果没有邻里社区，即使该市的捷运系统再扩容一倍，也无法减轻它严峻的交通现状。

尽管上述的八步骤方案还值得商榷，但其基本原理已经得到了人们的广泛接受。随着城市生长带来的痛楚不断加剧，人们所面临的问题已不仅仅限于是否同意上述行动步骤，还要合作起来进行区域层面的发展，为实施计划创造必需的条件。那些引起公众广泛关注的案例，无论是好是坏，我们都感谢它们，因为正是在它们的激励下，人们想要改变现状的呼声越来越强烈。公众正在用羡慕的眼光注视着波特兰（Portland）市区域规划的成功，也在用恐惧的目光审视着亚特兰大市（Atlanta）——数十年放任自流的建设使该市面临着交通与空气质量的危机。诚然，亚特兰大市近来成立了一个区域性交通运输机构来处理这一危机，这最多会延迟区域规划的推行，但终究是不可避免的①。

对于通过增设一些政府机构来解决问题的方法，公众总是明智地持有怀疑，然而区域规划机构并不在其中。最好的区域管制方式并不是增加政府机构，而是

---

① 就在撰写本文的当天，亚特兰大市政府建议，由于严重的空气质量危机，不单单是那些哮喘病人，而是所有市民，都应尽量留在室内。

对现有机构的职责和权利进行重新分配①。对于那些不愿进行区域性思考的市镇，它们最明智的做法是检讨自己城市所面临的问题：从犯罪到交通，到底有多少是来自城市边界以外的。这些问题在缺乏区域合作的情况下是无法得到解决的。

环境运动的典范作用

当我们为美国景观所产生的问题扼腕叹息时，却也能从 Winston Churchill 的话中找到一些慰藉："当所有选择都穷尽了之后，相信美国人民会做出正确的事情。"的确，这个国家已经显示出了她的自我完善、纠正错误的能力，我们似乎有理由相信，这种能力最终会在人工环境的设计中发挥作用。无论还要等待多久，至少我们还有理由保持希望。

1962 年，Rachel Carson 出版了《寂静的春天》（*Silent Spring*）一书，从而引发了环境保护运动。不到 20 年的时间里，环保局已经成了美国政府中最大的管理机构，直到现在，环境顾问在规划研讨会上仍具有举足轻重的地位，可以与交通工程师和消防队长平起平坐。佛罗里达州的一个普通的大型开发项目，单单在湿地问题上，就需要 6 个职能重叠部门的批准，尽管这种漫长的审批过程像是一场噩梦，但美国能将环境保护运动放在政治日程如此首要的位置，确实令人鼓舞。

环保主义者必须克服人类数世纪以来对自然界的误解，但城市规划专家们的任务却没有那么艰巨。在偏离正轨仅 50 年之后，美国不该认为回归建设传统邻里

---

① 区域层面的问题，例如环境保护和恢复、交通运输、社会服务、经济适用房、"好东西"的选址以及经济发展等（这里只列举了一些），应该交由一个单一的区域行政机关来管理，或者由一个现有的区域组织来密切协调处理。同时，纵观层面上的问题，诸如地方规划和土地用途划分、警察以及设施维护等，应继续由每个自治市来管理。至于局部层面的问题，如社区改进和重新开发，生活品质和旅游等，应由该局部地区的邻里社区组织来处理。采用这种划分方式时我们要认识到，每个层面的管制成效取决于职责和权力是否分配到有能力全面处理该问题的最小行政单位。

天然栖息地：在短短的 30 年之后，已几乎占据了
政治日程最首要的位置。

人类聚居地：同样急迫地需要保护。

社区的征途有多么困难。许多美国人至今仍然生活在真正的邻里社区中，他们甚至还能回想起自己童年时的邻里社区是什么样子。因此，我们不需要像环境保护运动那样作出各种牺牲——无需缩短淋浴时间、也无需分拣垃圾，我们所需要的，不过是回到成百上千年以来不间断地为人类提供栖身之所的城市环境之中，重新过上多彩的、舒适的生活而已。

　　环保主义者也开始意识到这两个日程之间的共通性。在动植物的保护方面，他们已经取得了显著的成果。而现在，他们开始将视野拓展到人类传统居住地的保护与规划之中。环保主义者们已经开始着手准备一场反对蔓延的斗争了，因为他们认识到，低密度的建设、汽车优先的城市生长，正严峻地威胁着农场与森林。西拉俱乐部（Sierra Club）已经正式展开了反对蔓延的运动，该组织出版了《我们都要为蔓延付出代价：无法控制的蔓延如何提高了你的地产税却降低了你的生活品质》（*Sprawl Costs Us All: How uncontrolled sprawl increases your property taxes and threatens your quality of life*）。正如《纽约时报》所说的："蔓延，从总体上说，是环保主义的新语言。"[3] 当然，环保主义者一直都很关注人类作为一个物种的生存问题，只是最近才开始认识到，邻里社区本身就是生态系统的一个组成部分，是由于人类的需要而衍生出的有机体。如果我们将用于环保运动中的精力和愿望用在城市边界以内，将会取得非常显著的成效。

第九章
内城

从郊区竞争的角度看城市

郊区优于城市之处生活福利设施—揽子计划

城市的规范性 身体健康 零售业管理

市场营销 投资安全 审批程序

任何一个往返于大西洋两岸的人都不能不对欧洲城市和我们城市之间的差别产生极为深刻的印象，这些差别让人觉得第二次世界大战好像并没有发生在柏林和鹿特丹，而是发 生在底特律和华盛顿。

——James Howard Kunstler，《无处是家》（*Home from Nowhere*）（1996）

现在我们的话题由区域转向城市了，要记住非常重要的一点：美国的内城并非突然或是偶然衰落下去的。在 20 世纪的大多数时间里，它们都尝到了政府法规与城市规划带来的意想不到的苦果。每天乘车上下班所使用的庞大的州际交通运输体系，使人们很容易放弃城市而选择住在城市周边地区。在城市中心区到处修建停车场，虽然在一定程度上缓解了车流压力，但也将城市变成了只剩完备的路面设施的无人地带。种族主义、拒绝贷款以及政府福利房过分集中的建设，都使得穷人的生活愈发动荡不安、孤立无援。而专门用于新建项目的联邦贷款计划，不仅加速了城市住房条件的恶化的速度，还最终使城市住房遭到遗弃。还有更糟糕的：在城市内推行郊区的土地区划法规，使房屋退线更远，停车场要求更高，这些都阻碍了现有房屋的翻修，因为它们不符合现行法规。

从郊区竞争的角度看城市

城市问题的根源可以归咎于政策和规划，这一点其实是令人鼓舞的，因为这意味着，好政策和好规划就能产生好城市。但仅仅这样还是不够的。要有效地解决这些问题，城市领导们就必须停止那种只从里向外看城市，也就是只从他们自己市民的观点来考虑城市的习惯。这种方法看似公正，但却忽略了开放市场上区域竞争的现实。城市领导者必须借鉴开发商手册，站在一名货比三家的消费者的角度，由外向内审视自己的社区。搬到大都市地区的家庭和公司，面对的是落脚城市还是郊区的问题，这是有选择余地的，两者都在为争取新居民而相互竞争。房子是在枫树街，抑或是在装有保安系统的土地细分式住宅区？是市中心的办公套房，抑或是工业园区里盒子一样的玻璃建筑？城市最大的不利之处往往并不在其自身，而是郊区开发商们的能力超群、足智多谋，他们总是在不断提高消费者的期望值。

譬如几年前，我们乘坐一位成功开发商的美洲豹汽车通过加州的一个土地细分式住宅区时，不需要别人提醒，他自己就停下车，跳出来蹲下身子检查草地，而后回到汽车里就开始打手机："六七十个草坪喷水龙头歪了。"在我们的行程结束之前，一个维修工已经在那里开始修理了。试想一下，这种情形发生在洛杉矶商业中心区的可能性有多大？

郊区开发是一门值得研究的学科。新建的土地细分式住宅区无论在生活福利设施、城市规范性还是保健等各方面，都比城市表现出色；他们在零售业管理、营销技巧、投资安全以及审批过程等方面也是如此。反过来看，探讨郊区的成功之处，也有助于揭示如何使城市再次具有竞争力。当然，虽然下文讨论了城市应该向郊区学些什么的讨论，但郊区与城市之间的具体差异并不会因此而模糊， 相反，还要加以颂扬和强调。六七十年代的规划者们所犯的最大错误，就是试图通过把城市变成郊区的办法来挽救城市。他们的尝试真是糟糕透顶。因为城市的未来应该是变得更像城市，更便利行人，更热情，更有城市味，也更加优雅。

郊区优于城市之处
生活福利设施一揽子计划

新型郊区住宅区最出名之处就是私人庭院、网球场、高尔夫球场和警卫室。城市没有提供这些充足的生活福利设施，大概也不打算这么做。在城市居民所共享的事物中，人们最为熟悉的也许就是文化和体育活动了。这些的确是城市生活的一大优越性，但是正如某些人所表示的那样，这些并不是使城市商业中心区重获新生的最有效途径。这些活动可能会周期性地吸引一些来访者，却不足以说服人们在这个城市生活和工作。城市能为未来的居民们提供的最有意义的生活福利设施是公共领域，这个名词暗示着"充满活力的街区生活"。这种环境是城市对那些放弃郊区生活的福利设施一揽子计划而选择搬到这里的居民们的一种补偿。就像曼哈顿和波特兰的商业中心区所显示出的那样，对当地居民来说，只要有公共领域存在， 他们就心满意足了①。

---

① 此处并不是要贬低那些有组织的群体活动的正面影响，商业中心区当然是露天体育场和表演艺术中心的最佳选址，特别是它那便利的公交系统，除此之外，商业中心区也是举行商品交易会和街边庆祝活动的最佳选址，而这些活动在偏远的郊区地带简直是不可能的。然而，世界上所有庆祝活动在吸引人们前往商业中心区的时候，都不得不面对缺乏便利的步行环境的窘境。人们在使城市变得更加优雅的工作中取得了良好的效果，令人信服的证据在很多城市的商业中心区都有目共睹，郊区居民会开车两三个小时到那里，在他们喜欢的公共场所感受漫步、购物和就餐的乐趣。格林尼治村（Greenwich Village）、椰子林区（Coconut Grove）以及乔治敦城（Georgetown）已经 产生了一种新的房地产业类别"城市娱乐中心"。我们大多数人更愿意称呼这个中心为"城市"。

　　创建一个不夜城是一个充满诱惑力的街区生活的关键，由于邻里社区的用途是多种多样的，因此有必要使人们感受到城市是昼夜不停存在的。就餐、购物、工作、交际，一花独放不是春，没有哪一种方式能够独立壮大起来，因为它们是相互依存的。正如 Jane Jacobs 所看到的，华尔街这样的商业区通常很难维持高级餐厅的运营，因为这里在正餐时间不能产生所需的顾客流量。饭店被迫只能在 12 点至下午 2 点的午餐时间来尽量挣钱。其他商业活动也是如此，譬如健身俱乐部，不仅白天，就连晚上也要营业以维持生计。因此，城市的振兴必须从更广泛意义上重新平衡地方用途开始。

城市的规范性

　　任何市民或商家都会告诉你，他们认为市政府的首要任务就是"维护城市的整洁和安全"。郊区的房地产开发商告诉未来的房屋买主，他们大可安心享用新住宅区所提供的严格的保安措施以及优质 的维护保养。谈到保安措施，事实上客户需要的不仅仅是安全，还有安全感，也就是说，要消除一切潜在威胁的迹象，包括乱涂乱画、 乱丢废弃物等。要清理这些东西并非难事，但这些"区区小事"却常常由于市政府的官僚作风而被忽略掉，所以这些工作必须目标明确，并且派遣认真可靠的人员去办理。

　　Reuben Greenberg 是南卡罗莱纳州查尔斯顿（Charleston, South Carolina）的一名深受爱戴的警长，他有一套有效的办法来对付涂鸦。当警官或是市民看到街上有涂鸦时，他们就会通知警察局。警察局里备有 42 种颜色的涂料，其中还有一种称作"旧水泥色"。当天下午 4 点半，警官会开车把一名政治犯带到涂鸦现场，然后犯人会在几分钟之内用非常匹配的颜料覆盖涂鸦。Reuben Greenberg 说："我们覆盖涂鸦的速度远比它再次产生快得多。"他竟然当众开展"涂鸦高手 vs. 抗涂鸦囚犯"的竞赛来证明这一点。无论在公共场所还是私人领域，甚至城中最差的街区，所有涂鸦都能在 24 小时之内被清得一干二净。

Reuben Greenberg 警长不仅是一位唯美主义者，他还以一种最聪明的方式打击犯罪行为。事实证明，涂鸦、胡乱丢弃的杂物、破碎的玻璃以及其他看似无害的违法行为，却会造成一种让市民道德败坏的城市环境，从而很容易滋生严重的犯罪活动。近年来的经验证明，关注一些小事，也会对大事带来重要的影响。

郊区维护的成效在很大程度上是依靠社区管理委员会（HOA，简称社管会）[1]不断加强管理来实现的。不愿意缴税的居民却心甘情愿地向社管会交付相当数额的月费，这证明如果收益是用于纳税人所在区域，选择性的税项是可行的。这样做使居民们感到自己对项目的结果有一定的控制权。这种策略也可用于城市，而且已经取得一些成功。单在纽约市，就有超过一百个私人管理的区域，其中最著名的是时代广场。尽管很多人抱怨这种结果过于干净、以旅游为导向，但没人能否认它达到了预期目标。

不管这是否意味着一定要建设私人管理区，郊区社管会在管理规模方面的成功经验的确能够给市政府带来很大启发。当一个冰冷庞大的城市官僚系统被分化成以街区为单位的小型管理机构时，它往往会变得平易近人、反应迅速。的确，一些在全市范围内似乎非常棘手的问题，例如停车问题，却被一个个街道漂漂亮亮地解决了。

身体健康

50 年前，美国城市为居民提供的适宜步行的城市环境，可以同当时世界上最好的城市相媲美。而在之后的几十年中，城市规划者们的所作所为却实属荒谬：为了吸引那些住在郊区依赖汽车的人们到城市中心区来，他们竟把我们的城市变成了高速公路。州际高速公路延伸到了城市的中心地带，城区街道被拓宽而且被

---

[1] HOA 是 Homeowners' Associations 的缩写。——译者

划为单行路，路边的树木被砍伐殆尽。人行道被占用、变窄甚至取消，路边停车位被大规模的停车场取代，而这些停车场往往都建在被拆毁的历史建筑遗址上。这些做法自然使公共领域元气大伤。

在一些城市中，失宠的街道降格为穷人和无家可归者的地盘，而地下购物中心和行人过街天桥则成了都市新宠。这些建筑正在继续损害着街道的活力。在达拉斯（Dallas）和明尼阿波利斯（Minneapolis）这样的城市里，建造立体交通体系并不是由于天气原因，而是为了让汽车摆脱传统平面交通的束缚。达拉斯市对兴建立体交通系统的解释是："造成交通堵塞的主要因素是十字路口的行人拥挤阻碍了车流的畅通。[①]"而现在的许多城市，已经很难再唤回这样熙熙攘攘的行人了。

为迎合汽车的需要而使城市中心区遭到严重破坏的城市数不胜数。信手拈来的就有底特律（Detroit）、哈特福德（Hartford）、德美内斯（Des Moines）、堪萨斯城（Kansas City）、锡拉丘兹（Syracuse）和坦帕（Tampa）等。由于这种情况太普遍了，以致被人们认为是标准的美国城市环境。通常的局面就是：城市中

为阶层社会服务的分阶层大众领域：人行过街天桥将大街留给下层社会的人们。

---

① 城市规划师 Vincent Ponte，引自 William Whyte，《城市：中心的再发现》（*City: Rediscovering the Center*），198 页。只有极端恶劣的天气，才会使人离开设计合理的街道。在多伦多，朝向人行道的零售店空间要比阳光地带所有城市的总和还要多。
很多作者对街道生活私有化的社会意义进行过评论。Trevor Boddy 把这种情况概括为："正是因为城市中心区是社会各阶层汇聚的最后保留地，它们被封闭的领域所取代，在政治生活各个方面都有巨大影响。如果没有熙熙攘攘的行人充满的公共空间作为使他们的权利付诸行动的讲坛，那么宪法许诺给人们的言论自由、结社自由和集会自由等权利就毫无意义了。"（Trevor Boddy, "Underground and Overhead"，125 页）

一座汽车城市的必然宿命：公路和停车场为底特律的衰落铺平了道路（1950年与1990年的平面图）。

心区没有行人，而汽车在这些无人区一统天下。在颂扬这种环境的同时，混合用途的街道被人行过街天桥和地下通道充斥的"类城市"（analogous city）所取代，其结果近似郊区的大型购物中心，但城市不能通过变得更郊区化来和郊区竞争，因为它不可能像郊区那样提供便利的停车位和开放空间。

我们必须认识到，以汽车为主导来规划城市是个错误，而且行人在每天同汽车的对抗之中正在败退。纽约市最近规定，行人在该市一些车辆转入单行道的路口过马路是违规的。[1]同时，在洛杉矶，市政工程师也以保证行人安全为由，正在取消一些人行横道。他们采取这种行动的理由是"人行横道比没有明确标志的交通路口死去的行人更多"，但是他们忽略了这一点：有人行横道的道路，路面往往更宽、车速也更快。恼人的是，绝大多数本意是想"提高"行人安全性的努力，却往往以限制行人对道路的使用而告终。

解决问题的办法，并不是把汽车从城市中驱逐出去，绝非如此。美国最有活力的公共空间里充斥着汽车，但是由于街道的合理设计，车速并不快。就像邻里社区一样，城市街道必须要窄，每个车道应为10英尺（约3.05米）宽，而非12英尺（约3.66米），并且应设置平行于道路的路边停车位以保护行人。为了让行人和司机都能获得便利，街道应为双向行车（通常是双向各一个车道），因为单行道会导致超速驾驶，也不容易就近调整路线[①]。为了避免行人和驾车者失去耐心，交通信号灯的转换频率也应提高。

对汽车行驶的控制固然是必要的，但这并不能完全确保行人的安全。人行道的一侧必须是连续的建筑正立面，不可有太多不开门的墙体和停车场，也不应有损害街道空间限定的空隙[②]。当然，城市里也许永远都不会有足够的高质量的建筑正立面，使所有街道都能符合这一标准，因此市政人员或许应该采取一种"都市优先分配原则"。在处理危机四伏的步行环境时，就像打仗一样，往往需要做出最大的牺牲以换取更大的好处。在城市中，这就意味着要设定一种 A-B 街道网络。A 类街道必须维持高标准的空间限定，以便为行人提供最大限度的保护；而 B 类街道则可用于较低的用途，如停车场、车库汽车消音器商店以及即买即走的快餐店。A 类街道应连接成网络，以确保步行者的路线不被打断。如果能走在沿街设有门窗的街道上，道路两旁满是连续不断的城市建筑，那么人们只有在极少情况下才会穿过那些乏味的、打断主要街道连贯性的小街。

对于达拉斯（Dallas）这样较新的城市而言，设置 A-B 类街道就更为必要。该市的商业区至少有十几个适宜步行的优质街区。遗憾的是，没有哪两个街区是彼此相邻的。无论向哪个方向行走，不出 400 英尺（约 122 米），行人就会遭遇到车流的侵扰。城市在市政 建设上虽然力求诸事尽善尽美，而结局却往往总不尽

[①] 由于没有逆向交通的冲突，加之可以变换车道，人们在多车道的单行路上的行驶速度通常很快。无论你在哪个车道，总是会觉得另一个车道好像更快一些。相比之下，由于双向行车不便于变换车道，司机也就很少变成"公路赛车手"的角色。在商业零售区一般应避免单行道，因为这样不能平均分配商机。例如，迈阿密的交通规划把小哈瓦那的两条街变成了单行道后，人们需驾车经过该零售中心的西南八街上班，下班则经过西南七街回家，而西南七街完全是居住区。这种规划导致的问题，除了司机变换车道开快车之外，还有一点就是：人们购物通常不会在上班的路上，而是在回家的路上。果然，八街的商店从此消失得无影无踪。几十年之后，该市的领导人仍然困惑不解：为什么这个曾经生机勃勃的大街会陷入如此苦苦挣扎的境地呢？

[②] 步行街道景观有着十分明显的等级，从最好到最坏依次是：店面、游廊、门廊、庭院、无窗墙、停车场和停车场建筑。

如人意。道路的 A-B 分级制度是非常行之有效的手段，它照顾到了很多城市都在渴求更多就业机会的问题。为了赢得 25 个工作岗位，市政府可以同意让麦当劳开到大街上，并在店门前建造一个色彩斑斓的塑料丛林般的游乐场，而快餐店的侧面则是免下车快速购物通道。如果采用了 A-B 街道分级制，政府就可以给麦当劳两个选择：如果快餐店愿意采取负责任的态度，在临街一面开设门窗，在店铺背后设置免下车通道的话，就允许他们在主要街道开店；反之，如果快餐店沿用郊区那种粗俗做法的话，就只好将他们请出主路了。

人们对停车场和车库的需求，也是推进 A-B 街道分级制度的强大理由，这些停车设施绝不能损害 A 类街道系统。即使是合理安置的停车场，如果过量的话也会变成坏事情。就像汽车的使用一样，人们花在停车上的费用远远不及实际应该承担的那么多，所以停车场也可以说是"免费的好东西"。也正因如此，社会上总是有增加停车位的呼声，就好像人们总是需要更多的行车道一样。增加停车场势必将吸引更多人驾车来商业中心区，从而需要修建更多的道路，再进而会产生更多对停车场的需求。最终的问题不在于城市究竟需要多少停车场才能满足要求，而是市政府需要夷平多少楼房才会放弃对这种无度需求的妥协①。

谈到停车，每个城市最终都要回答两个问题：新的建筑物是否应修建自己的停车场？停车场又应该修在哪里？绝大多数城市作出的回答都是错误的。修建一座郊区标准的停车场，就意味着城市只能负担一个只有穷人才会使用的二等公共交通系统，因为其他人都会开车。再者，大多数城市现在都要求新建或改建的项目就地解决自己的停车位。这有可能是美国当代城市规划的最大杀手。它阻碍了

---

① 实际上，市政府曾经一度能够满足停车需求。这种情况在美国很多小的、比较古老的城市中都能发现，而且差不多是同一历史时期的产物：在 20 世纪中叶，随着汽车拥有量的增加，那些原本拥有美丽的步行区、具有吸引力的老商业中心发现自己需要更多的停车场。商业中心区的一些具有历史意义的建筑被地面停车场取而代之。其结果是：人们停车的确便利了，但在商业中心区走路却不再惬意。当更多人开车的时候，又有一批建筑被拆掉了，结果和前面的一样。慢慢地，古老的商业中心区的残躯不再令人赏心悦目了，人们不再有兴致光顾这里，停车的需求也便容易满足了。这种现象可以叫作停车综合症（Pensacola），以纪念其中一位综合症受害者。

很多建筑的更新改造，因为他们没有足够的空间来提供新的停车位①；这一规定也鼓励了很多不利于步行环境的建设，因为在这样的建筑中，停车场被安置在建筑物的背面或上面；其后果就是街道生活的消失，因为所有人都把车停在离目的地很近的地方，再不需要人行道了，最终结局将是城市的低密度开发，城市商业中心无法产生能维持其发展的足够人流。总之，我们对于就地停车的要求不敢苟同。如果城市想变成便利行人和全面发展的所在，市政府就应该立即取消这项规定，审慎地设置地方的车库和居住区并在其间提供停车空间。停车设施应该像街道和下水道一样，被视为城市基础设施的一部分。

市政府在进行公共交通体系规划时，应考虑到行人的数量。用质量低劣的喷油式柴油公共汽车替代物美价廉的有轨电车、无轨电车和小公共汽车并非明智之举。在铺设不起轨道的地方，应考虑小型电车，因为它可以使查塔努加（Chattanooga）和圣巴巴拉（Santa Barbara）这样的城市重获新生。

读者在后面将会注意到，在讨论城市的具体形式时，我们再也没有提倡使用砖砌人行道（brik sidewalks）、节日旗帜（festive banners）、室外音乐台（bandstands）、装饰护柱（decorative bollards）以及绿草如茵的小径（grassy berms）了（所谓"五个 B"）。这些都是 80 年代的权宜之计，现在的很多被人遗忘的城市商业中心区都是由这"五个 B"装饰的，后来又配上了最时髦的路灯柱、垃圾箱和富有装饰性的树栅。"五个 B"中的任何一个都没有问题，只是它们对于城市的复兴几乎毫无建树。事实上，有坚零售顾问甚至认为装饰性的街景会产生负面的作用，因为它们令购物者分心，不能精神专注地看他们真正该看的东西。普通店面只能吸引过路人 8 秒钟的注意力，所以，完全不需要闪烁的人行道和装饰花架再来竞争了。

---

① 我们在佛罗里达州斯图亚特（Stuart，Florida）的总体规划中，最不寻常的一个做法就是从根本上废除了就地停车的要求，该规划一直妨碍当地开发商翻新现有建筑。在该规划完成后的数年里，该商业中心区的生意量上升了 348%，从而成功地使该镇降低了税收。（Eric Staats，"The Renewal of Stuart"）

零售业管理

现在这些富丽堂皇、崭新的郊区大型购物中心，如果其管理也像普通主街那样随意的话，它们就会在几个月之内垮掉，这真是个令人悲哀的现实。而主街为了和大型购物中心竞争，则必须采用后者的专业管理知识。

就性质来说，郊区零售商是掠夺型的。大多数新的大型购物中心、仓储式商店的销售点和其他购物中心的兴建，并不是由于消费需求未达到满足，而是要和现有的零售商争夺客户[①]。由于大型购物中心是通过暗中破坏其他大型购物中心（和主街商店）而存留下来的，所以它们把商品推销的技术提升到了科学的高度。大型购物中心的设计者们知道，当进入该建筑后，人们往往向右转，沿着反时针方向走。他们知道，顾客如果靠近休息间，最可能买的是太阳镜；女装店如果设在美食广场附近，通常不会有好商机。主街商店靠什么同他们竞争呢？幸好，城市中心可以借鉴以下的大型购物中心的许多概念与技术来完善自己[②]。

集中式管理： 虽然最理想的方式是像大型购物中心一样，将房地产的所有权集中化，但是一个集中管理的机构也可以起到相近的成效[③]。商会是最松散的管理

---

① 确切地说，大型购物中心的建筑不仅旨在吸引消费者，同样也在吸引投资者，这意味着它们的开发商主要致力于吸收业已存在的市场份额。在这种情势下，在某一时间的某一地点，必然有某些商家要做出让步。住宅往往追求的是拥有一个稳定的自然环境，而零售业则不同，由于其竞争的本性，它的追求自存在以来就经常在变化。值得注意的是，小城镇的主街商业区是在郊区购物中心出现之前早就消亡了的。事实上，19 世纪晚期的百货商店，对小商贩构成了极大威胁。在 20 世纪，人们见证了零售业不断上演的同类相残的局面，尽管如此，零售业的某些组织原则还是一代代地传承了下来。若想获得零售业开发商掠夺手段的更多资讯，我们推荐 *Variations on a Theme Park* 一书中 Margaret Crawford 的文章 "The World in a Shopping Mall"。

② 这些技术有很多是从 Robert Gibbs 那里学来的。他原来任职于 Taubman 公司，负责购物中心的设计，现在则专门给主街上的商户传授购物中心的经营秘诀。

③ 在过去的几十年里，那些成功的城市商业中心区有很多是由独家公司拥有的，例如堪萨斯城的乡村俱乐部广场、俄亥俄州的 Shaker Heights、芝加哥的 Lake Street 以及南塔基特的市中心等。

形式；而最佳方式（或许并不必要）则是一个依法授权的机构，由它来协调经营时间、安全、维修、景观、店面装潢，甚至商店门牌和它们之间的搭配。下面这些技术只有在统一管理之下才能发挥效力。

联合广告及联合推销：购物中心的广告策略强调在同一个地方可以买到不同商品，从而将顾客吸引过来，专家称之为"一次停车环境"。在购物中心内，购物指南和当前位置图能够帮助消费者找到要去的商店。购物中心还可以通过协调商店间的同步降价促销、举办节日庆祝活动和音乐会、邀请名人光临现场等活动来进一步刺激消费。从很多方面看，主街所提供的公共氛围，都比购物中心更自然、更适合节日的市场营销活动。城市商业中心区的商家们与其为购物者提供购物中心般的活动，还不如为人们组织城镇活动。

主力商店（Anchors）：几乎每个购物中心都会将店面免费租给那些能吸引顾客远道而来的所谓"主力商店"。城市商业中心区也应该准备通过补助、免租金或提供免费土地等方式，来吸引主要的零售商落户。很多全国性的零售商和电影连锁店"重新发现了城市商业中心区"，但它们或许还在等待更加优惠的政策出台。当然，还要非常认真地对待现有的主力商店，某些时候需要采取一些激励措施来留住它们，就像波特兰市（Portland）的那些电影院一样。这些做法不应被视为资本家的社会主义，也不该被视为津贴，而应是城市在残酷的市场环境中具有竞争力的商业行为。

主力商店与停车场的战略关系：所有购物中心都把主力百货商场放在最首要的位置，而小商店则摆放在中间。在迈阿密的可可窝购物中心（Cocowalk），电影院设于三楼，售票室在一楼，几十家商店与餐馆则设于二者之间，这正是那些心血来潮的购物者的必经之地。与此同时，大多数试图依靠会议中心、体育场或电影院来恢复商业区活力的城市，却将所有停车场都安排在紧靠商业区的地方。这种做法十分欠考虑，因为城市内的商家由此失去了门前路过的那些潜在顾客。正因如此，20世纪六七十年代兴建的那些自给自足的封闭的圆顶体育场，对它们所在的城市而言毫无裨益；市政府所承诺的振兴邻里社区根本就没有实现①。任何一个商业中心区的新主力商店的设计都要最大限度地满足街道活动需求，将停车场放置在至少一个街区以外的距离，然而，这一点却恰恰与大多数的土地区域规划法规相抵触。商业中心区的安排必须巧妙而睿智，使其起点与终点有效地分开。在此，我们唯一的忠告就是：主力商店与停车场之间的连接必须设连续的、适于步行的临街地段，从而让人们体会到步行的惬意。

租赁鼓励与零售搭配：在购物中心开业伊始，或是铺面出现空缺时，不应将空出的铺面简单地租赁给第一个合格的申请者，相反，管理人员要认真地确定哪种类型的商店能为购物中心的零售配置带来最大的贡献，并将其筛选出来，重新安排位置作为奖励。此外，购物中心的管理人员也意识到，一些与其他商店相邻的店铺，要么生意红火，要么经营惨淡，这些都需要管理者根据详细的销售计划来为它们安排位置。将互惠互利的商铺放在一起，可以形成时装区、娱乐区等区域。那些零售顾问们关上房门，一连数小时坐在桌边，冥思苦想地把各个商店混搭在一起，这情景就像在玩中国的九连环。虽然这种办法在主街上似乎不能广泛应用，但由于它涉及所有人的利益，因此有效率的商家协会还是应密切关注商店的搭配，积极筛选众商家中的佼佼者，以便在铺面空出时及时补缺。

尺度：无论商业街是室内的抑或室外的，都要符合一定的尺度，该尺度取决于实体与社会方面的复杂倾向。虽然在某些城市，商业走廊绵延数英里而不被打断，但大多数成功的商业街的长度都控制在一个合理的步行尺度内，通常不超过半英里（约805米）。商业街的宽度同样要有控制，使人可以从街道一侧看到另一侧，当人们走出一家商店时，可以直接看到另一家商店展示的商品。基于此，

---

① 那些大型办公设施也是同样。当我们在新泽西州的 Trenton 工作时，惊奇地得知那个看似无人居住的商业中心区里居然工作着1.6万名州办公室工作人员。因为这些工作人员的车停靠在紧邻办公楼的车库里，人们基本看不到他们。他们不但日常生活永远靠不开办公大楼，甚至就连想去附近商店或餐馆的愿望，也由于周边停车场的团团包围而被迫放弃。

购物中心的走廊宽度通常不超过 50 英尺（约 15.25 米），在没有汽车的环境中，这一尺度无疑能使购物活动十分便利。但是，由于那些优秀的主街都有双向车道、沿街停车位以及宽阔的人行道，因此比较切实可行的尺度是 60 英尺（约 18.3 米）左右。人行道宽度不应少于 12 英尺（约 3.66 米），这样无论是用于通行还是户外用餐都绰绰有余，这是购物中心无法做到的[①]。

零售商业街的连贯性：美国顾客维持注意力的时间很短，当然美国青少年电视观众除外。经验证明，大多数人在逛街的时候不会往死胡同里走，这就是购物中心在尽端布置大型商店的原因；如果购物者看到前方是 50 英尺的光秃秃的墙，他们就会宁可转身回到车上去。这就是为什么购物中心通常都不设邮局，因为四处张贴的邮局海报实在是无聊到让人无法忍受的地步了。购物中心可以对邮局说"不"，但城市街道却不可以。街道不得不接纳银行、经纪公司、旅行社以及房地产公司等，这些机构的墙壁缺乏装饰，陈列品也枯燥乏味。因此，这些单位除了要遵循最短距离的原则外，还有一个更重要的原则就是不能打破零售商业街的连贯性：它们要么以小的规模分散布置在零售店铺中间，要么集中设置于远离主要购物通道的、不破坏零售商业活动的地方。

孵化器：手推车在购物中心里扮演着新生商业的孵化器角色，使这些商家最终成长壮大到可以租得起自己的店面。主街上也可以进行同样的尝试，例如追加一些额外的孵化器，譬如生活工作一体的单位、艺术家合作公寓等。亚历山大（Alexandria）的 Torpedo 工厂就是由工业场地转变为艺术培训中心的，它因而成为广受青睐的主力商店的典范。如果想要这种尝试并取得成功，就必须允许这些新兴企业进驻那些较老的建筑，而无须严格参照现行建筑规范来改造该建筑。那

---

① 迈阿密海滩的路边餐饮有着若干合理的规章制度：所有桌布、餐巾必须用布，而非一次性纸巾；所有杯子必须使用真正的玻璃杯而非塑料杯；所有盘子必须是瓷的；所有餐具必须是金属的。这些规定创造出了一个更加优雅的用餐与步行环境，同时也杜绝了劣等食物，减少了垃圾的排放。

些设置于较老的或临时性地区的农贸市场——例如西好莱坞和费城——总是能有效地为其商业中心区创造活力。

上述的各项技术在一定程度上要依赖于有管理的零售业，这一观点也许会触怒很多人。"天生的多样性有什么不好？"他们会发出这样的质问，"如果这样的话，世界上还有真实的场所存在吗？" 这个问题的答案十分惊人，那就是：事实证明，多样性的敌人正是管理。这就是为什么在佛罗里达州的基韦斯特岛（Key West）会变成 T 恤商店的聚集地，为什么在洛杉矶的罗迪欧大道（Rodeo Drive）十元以下的午餐里只有薯片和苏打水。在放任自流的状态下，零售商家们总是会倾向于重复比较容易实现的成功之道，结果就是使特定地段变成了单一商品的集中零售地。多样性不是产生于自然的选择，而是来自周详的计划。非常感谢迪士尼的管理人员，他们在迪士尼庆典街上不但提供了四种不同价位的餐馆，而且还提供了一家营业时间持续到末场电影结束的酒吧。这样一来，即使只有两位顾客，他们也能在这家酒吧里品尝午夜的马提尼酒。谁能说这样的做法破坏了庆典活动？抑或是缺少了真实性呢？

市场营销

郊区开发商已经陷入一种"越大越好"的心态中了，认为"只要建了，就有人用"。通常，他们只致力于迎合占有最大市场份额的那部分人，因为他们能提供成片的住宅和大盒子式的零售商店。该方法用于城市周边地区还是有些意义的，因为这些地方要吸引顾客就需要具备足够的规模，而且单一性在这里也被视为优点。但是在城市里，本身就已存在着形式与活动的多样性，而且这种多样性广受喜爱，在这种情况下，开发就必须是小规模的，而且必须建立在顾客群充分理解的基础上。

对于建设失败的城市中心，最有效的复兴方法之一就是，将未开发的超大街区进一步划分为小块，使那些个体投资者也有力负担。这种方法使本地的利益参与者们有机会成为小规模的开发商，减少城市对少数几家全国性房地产公司的依赖。城市住宅用地的宽度，通常不超过 24 英尺（约 7.32 米），这是地产开发的一个合理增量，因为它既可以建成住宅，也可以建成店铺，抑或二者兼容。有许多超大街区如今沦为闲置用地，原因就在于那些 80 年代的过分依赖大增量投资的超大项目的失败。

城市中心的复兴计划，除了要有适宜的规模之外，还要切合实际地预测哪些人会搬进来，哪些商业会应运而生。按照 William Craus 的建议，在市场中，冲锋在最艰苦领域的是"无视风险"的人，包括艺术家和大学毕业生；其后是"警惕风险"的雅皮士[①]；排在最后的是"规避风险"的中产阶级。这一后果常常是无法避免的，因此城市开发商们必须有所计划，在适宜的时候提供适宜的住房。例如，"无视风险者"并不会青睐带有独立卧室的精装单元，而是热衷于那些宽大、粗放、便宜的阁楼，而这种格局又很容易改造成雅皮士住房以满足"警惕风险者"。

但开发商们往往认识不到这一点。在美国罗得岛州的首府普罗维登斯（Providence），当我们倡议在城市中心采用新的住宅建设模式时，当地开发商反驳道："这个办法行不通，我试过了。"怀着质疑的态度，我们要求看看他建的住宅。果然不出所料，房间里配备了洗碗机、地毯和带花边的窗帘，就像新泽西郊区的花园公寓一样。该开发商忘了，那些城市先锋群体除了省钱的目的外，还非常在乎自我形象，并极力避免那种知足常乐的中产阶级味道。他们对于粗犷的追求绝非言过其实。如果电梯间墙壁上贴的是 Formica 饰面，最好把它们扯下来，只把粘胶剂留着就好了。

为了鼓励城市中的先锋建设，就应在规定上有所放宽。土地区划法规禁止在商业区和工业区修建住宅，但是这些地区常常有大片土地闲置，因此可以加以利用，代之以混合用途的开发用地。就近停车的规定可以摒弃了，因为先锋者们就算真的有车，也希望把车停在街上。此外，曾在世纪之交用来对抗合租房的那些法律也已经过时了，它们会使当今的城市先锋建设贵得离谱。例如，BYOS[②]单元应合

---

① 雅皮士（yappies）指中上阶层的年轻专业人士。——译者
② BYOS 是 Bring Your Own Sheetrock 的缩写，意为：自带石膏板。——译者

法化，开发商也应该在房屋虽未完工但已可入住的时候拿到房产证。否则，能负担得起城市生活的，就只有那些并不打算住在城市里的人了。

一个正确的城市市场分析必须将有孩子的家庭考虑在内。他们是城市服务起来最困难的一个市场顾客群体。只有好的学校才可能将这些家庭吸引到城市中心区来，但是在区域性的联合学校区之外，因为那里很少会有好学校存在。只有当城市能够与富裕的郊区实现学校资源的共享时，我们才有可能说服大量的家长搬到市区来住[2]。当联合学校区的办法行不通时，城市就应采取其他的特别优惠措施鼓励教区附属学校和政府特许学校开设到城市中心区来。非常重要的一点就是要切合实际。我们不应把恢复城市活力的努力过度地集中于把家庭吸引到城市内城来。事实上，很多城市邻里社区没有孩子也同样搞得很成功。当然，城市的长期繁荣与多姿多彩最终还是与其学校的质量密切相关。

还有一个更棘手的问题，就是中产阶级化[3]。从宏观层面看，如果这种状况最终将导致租房者的迁离，那么中产阶级化的反对者们奋起抗争就是正当合理的。但是，从邻里社区这个微观层面来看，反对中产阶级化无异于反对城市进步；没有中产阶级的迁入，就不会有城市的复兴。由于政府的补贴，经济适用房正以非常惊人的速度增长。因此，当今大多数城市中心区所面临的挑战并不是提供经济适用房，而是怎样创造一个适合中产阶级的住房市场。毕竟，如果城市中的居民连纳税能力都没有，那么这个城市是不会繁荣的。因此，从事城市中心区复兴项目的规划师们只有两条路可走：要么鼓励中产阶级化，要么辞职不干。面对抱怨

---

① 西棕榈滩（West Palm Beach）的表演艺术神童学校是该郡复兴的一个重要促进因素，该校就是在城市中心区的一个废弃校址上建成的。

② 中产阶级化（Gentrification）是西方国家在城市化过程中，城市中心区更新（复兴）的一种新的社会空间现象。在《牛津地理学词典》（*Oxford Dictionary of Geography*）中解释为："当富有家庭寻求近邻城市中心区而导致内城衰落区的重建、更新以及再居住过程，这种择居过程通常是这些家庭权衡空间与接近中心区服务的结果。"——译者

之声，比较有价值的做法是调查其深层根源：反对中产阶级化的呼声，固然有一些是来自怕被排挤的城市居民，但更多的是来自政客——他们担心城市居民在种族和经济上的融合会动摇他们的权力基础。

目前用来抑制中产阶级化的措施之一是限制税额增长。但是，压低房地产税额会带来实质性的问题，这可能使民用住宅和商业用房的业主无法获得建筑改造工程的贷款。再重申一遍，事实证明，抵制中产阶级化与现有居民发展城市的努力是背道而驰的。因此，政府和激进主义者们必须把注意力从反对中产阶级化转移到减少它造成的负面影响上来。中产阶级化之所以被认为是一个肮脏的字眼，是由于它过去总是发生在没有安全保障体系的情况下，从而造成了 60 年代很多被迫迁移的住户无家可归。时过境迁，而今的情况已经不同以往了①。

以上关于城市的市场营销和开发的讨论，暗示着这样一个也许令人惊奇的结论：由行动超前的市政府来扮演开发商的角色。与其坐等 Gerald Hines 或 Hyatt 这些大师级开发商的到来，城市领导者们还不如拿出他们对城市的具体设想，并为此而积极地、不遗余力地倡导开发。为了不受私人企业的私利所累，他们应决定新的城市开发类型、规模以及质量，并成为城市成长的领军推动者。

一提及在城市中心区进行开发建设，开发商们就会不可避免地联想到自己即将面对的重重困难与巨额投入。正如开发商 Henry Turley 所说，"在郊区花 1 元钱就能做到的事情，在市区却要花 1.25 元才行，这还不包括在城市施工中的诸多

---

① 但是有一种中产阶级化的形式应该永远抵制，那就是政府强加的投机的中产阶级化。在这一过程中，市政当局试图通过强化其城市土地区划来重建城市中心区。但这一措施却会导致房地产税额的提高，从而迫使现有的居民和商家离开。同时，由此产生的高地价实际上却又阻碍开发而告终，因为这种新的土地区划提倡大规模的工程项目，而这些项目的开发风险只有大开发商才能承担。其结果就是，每 5 年才会有一个项目完工，而且此项目要满足此后 5 年内房地产方面的所有需要。虽然美国人似乎接受了这种开发形式，认为它是不可避免的现实：一边是半个城市空荡荡地闲置在那里，另一边是大型工程项目像宇宙飞船一样孤零零地矗立在偏远隔绝的地方。但是，看一下我们北方的邻国，就会发现，情况大可不必如此。在加拿大的温哥华和多伦多，二、三层的旧建筑之间安插、建造新的大型建筑的例子并不少见。其区别就在于税收政策，他们既允许大规模开发，也不会用高税额来惩罚现有的小型房地产业主。

麻烦。由此可见，开发商实际上是在一个厚此薄彼的极端倾斜的竞技场上运作，即厚待远郊空地开发而轻视内城开发。因此，尽管集中发展现有的城市中心是区域规划的首要规定，但是很多因素合在一起却在抵制这种努力，这些因素包括物业所有权分散、产权问题、不恰当的城市土地区划制度、高地价、衰败或有限的基础设施、环境污染、历史建筑保护的限制①、复杂的管理架构、笨拙的审批程序、邻里社区政策、反中产阶级化以及高昂的税额等，以上还只是略举数例而已。在这些抑制因素的作用下，内城发展所能吸引来的，要么是一心为他人利益着想的投资者，要么是能有效操控政府补贴的人。在这些抑制因素被消除之前，内城与郊区相比永远难以望其项背。

投资安全

由于单一用途的土地分区以及契约的限制，郊区能够为其开发商和购房者们的投资提供极大的可预见性。如果一个家庭在一个新的土地细分式居住区购买了一栋独立住宅，那么房主就可以肯定，环绕自己住宅周围的永远都会是独立住宅，而非其他类型的建筑。办公园区也具备同样的可预见性。无论这种情况是否值得颂扬，但它的确令人感到宽慰。

相比之下，城市开发所涉及的风险则可以归结为一个词：Dingbat（盒子状的

---

① "历史建筑保护条例"对于保持我们城市的品质至关重要。虽然这些法律看似经常在抵制大型企业，但由保护所带来的旅游业的发展，却为很多倍受困扰的邻里社区带来了巨大的经济复苏。迈阿密南海滩的装饰艺术区（art deco south beach）就是一个很好的例子。然而，现行的"历史建筑保护条例"同样也会损害一个地区的城市品质，这是由于美国内政部的指导方针不允许附加建筑融入既有的历史建筑中，该指导方针是受到早期现代主义者在"国际现代建筑大会"的一些论述的启迪。该方针明确指出，为了避免所代表的时代产生混淆，建议旧建筑的附加建筑要"永久且明确地与历史建筑区分开来"（"The Secretary of the Interior's Standards"，58~59 页），很多城市已经将该建议加以扩展，不仅限于附加建筑的范围，这样一来，甚至整幢新建筑都不能模仿其周围的环境了。这种源自现代主义者对历史风格憎恶的态度，现在只存在于那些痛恨被假古董欺骗的建筑历史学家了。

低层住宅）。它是一种小型的公寓建筑，在阳光地带非常流行。这种建筑底层架空，通过柱子矗立在停车场上方。这是在美国的就地停车规定之下产生的直接结果。在联排住宅的街区，只要建起一栋 Dingbat，就会带来整个街区房地产的贬值。然而很多城市却没有任何阻止此事的措施。从土地区划的发展史来看，它也会随着时间而发生变化，但是却极少考虑建筑的协调。加之大多数土地区划法规注重的是建筑的数量和比例，而非其外形。因此并不能体现出 Dingbat 与联排住宅街区之间的差别，因为它们在统计学上看是完全一样的。不管怎样，只有当城市有能力提供与郊区相当的投资保护，以避免 Dingbat 以及其他类似事物出现时，它才有可能与郊区展开直接竞争，并争取到那些规避风险的投资者。如果缺乏科学的前瞻性，就不会有投资的安全性。

如果想确保城市中心区的邻里社区投资的可预见性，最好的办法就是依靠城市法规来实现。该法规不应是只关注功能与面积的充斥着文字和土地区划法规，正相反，它必须是一个基于实体的法规，能够将建筑物的体积、连接方式及其与街道的关系——"建筑类型"①——真实地描述出来。该法规应确保所有建筑类型都利于行，确保相邻建筑的类型应彼此近似。该法规还应确定建筑物的排列位置，从而对公共空间的形态进行限定。在混合用途的区域，这些规定尤其重要，因为

① 由于该法规强调的是建筑物的具体形状，因此它看起来不同于标准的土地区划法规。例如，它限定建筑物的高度，而不是容积率（F.A.R），而容积率是全国大多数市政当局采用的衡量标准（容积率是指在一定范围内，建筑面积总和与用地面积的比值。例如一座占地一半的二层高建筑，其容积率是 1.0）。容积率是实施城市土地区划的重要工具，它可以使人根据开发能力很容易地计算出地产价值，至于这块地是否能容纳联排住宅或是 Dingbat，人们却无从知晓了，因为摆在他们面前的仅仅是个数字而已。反之，为了鼓励提高房间的净高，而采用层数限制来代替建筑总高度限制的做法，则有利于一些特定的实体建设优先发展。通过以上的种种差别不难看出，新法规的目的是用更加行之有效的、更能称之为"设计"的方法，来完善那些可能带来出人意料结果的规划。有趣的是，容积率还会带来另一个问题：当它与标准的建筑后退要求相结合时，就会体现出对大型土地开发项目的优待。例如，两个 5000 平方英尺（约 465 平方米）的地块，与一个 1 万平方英尺（约 929 平方米）的地块相比，前者最终能建成的建筑面积显然不及后者。这样一来，就打击了小规模开发商参与城市中心区建设的积极性。这样的制度就会导致各个城市都依赖于少数大型的投机房地产商，而不是各种规模的本地开发商。

Dingbat 入侵：悬空建设在停车场上方的公寓楼带来房地产的贬值。

基于实体的法规：从真实的感觉方面，而非合法性和数据方面强调建筑物的形式。

只有和谐统一的街景才能使不同用途的建筑彼此协调共存。拟定这样的法规并不困难，只是要通过一种近年来已不再使用的城市规划方法。该法规不是要明确哪些东西不能要，而是要明确哪些东西必须要，这就意味着要进行大量超前的深入而具体的设想，而这样的做法在当前的城市规划与土地区划部门已经几乎极为罕见了①。后文将会述及的"传统邻里社区开发条例"就是这样的城市法规，它已经在全国的很多自治市被采用或效仿了。

在某些情况下，用另一套法规来补充和完善城市法规不失为一种有效的办法，那就是建筑法规。希望在建筑风格上达到高度和谐一致的城市和邻里社区——无论是想保护与提升历史特色，还是想发掘新特色——它们都能从这样的法规中受益，该法规对建筑的材料、比例、色彩等各种立面设计要素都进行了规定。查尔斯顿（Charleston）、圣芭芭拉（Santa Barbara）、南塔基特（Nantucket）和圣达菲（Santa Fe），这些闻名遐迩的城市的成功，都在一定程度上归功于建筑法规。

这些法规的优势在于：一旦它们日臻成熟并获准通过，就会使作业过程大大

---

① 具体地说，像这些基于实体的土地区划法规要求开发者相当明确地表达出对城市的设想，而不是默认那些放任自流所产生的结果。幸运的是，有些城市正在从长期的信任危机中崛起，在信任危机中，它们放弃了市场控制的主动权，也没有为市场提供可以走向繁荣的可预知的环境。

简化。因为这些法规是指令性的而非禁令性的，所以符合这些特定的具体标准的建筑就能自动获得批准，并能立即展开下一个程序。为了协助这一过程，应鼓励城市的规划和建筑部门将自己看作授权单位，而不是管理单位[1]。城市与其同恶性开发做斗争，还不如集中力量对那些能为城市带来高额回报的良性开发提供大力支持。实施这样的程序，能够使城市和郊区站在一个平等的竞技场上进行竞争，从而使城市能够吸引那些郊区开发商重新回归到内城来。

审批程序

人们有一个普遍的看法：开发项目在郊区获得批准是很难的。这通常是事实，不过只限于开发项目：不是建筑物，而是常常相当于整个城镇那么大的办公园区和土地细分式居住区。在郊区有两类开发商：土地开发商和建筑开发商。土地开发商必须拿到原发地皮使用执照，而随后建筑开发商则在该项目用地内建造独立的建筑。办公园区的土地开发商可能必须忍受痛苦的审批程序，但其后修建办公楼的开发商却不会遇到任何阻碍。有了批准的施工场地和一个建筑基底，也许还需要有一些关于施工质量的规范，建筑开发商就可以开工建设了。对于后者来说，他只需要有个常规的建筑执照就可以进行施工了。

在内城开发独立建筑的问题是：没有土地开发商来为建筑开发商分忧解难。相反，有意向的开发商必须详细查阅那些复杂而混淆的城市土地区划法规，而后再准备应对一系列来自审批部门、当地各机构和持反对态度的居民的抵制。城市要和郊区竞争，就必须有人扮演土地开发商的角色，而在大多数情况下，这个角色只能是市政府本身。正如上面讨论的，城市想真正具有前瞻性的最好办法，就

---

① 理想的做法是：每一个开发商提交的材料都应交给一个独立的部门进行审批，而且所有必要的批准手续应合并为一个单独的程序，从而使土地分区规划、历史建筑保护、公共工程、环境以及其他所有需要审查的项目都能同时进行。

是用基于实体的规划来取代土地区划法规，这个规划的精确度不亚于那些对每栋建筑形态都详细限定的办公园区规划。该规划应通过公众参与而产生，在此过程中，经居民们充分理解后的最终结论将作为法律。一旦完成并通过，该规划就将控制未来的开发，有意向的开发商便能明确地知 道他们能建什么、何时可以开工。在这样的制度下，佛罗里达的西棕榈滩（West Palm Beach）和罗德岛的普罗维登斯（Providence）等一些城市，都开始向建筑开发商提供一个良好的开发项目审批环境，而不是让他们灰心丧气地逃到郊区去。

对于城市而言，制定一个实质的指令性的总体规划，除了能让市政府重新掌权之外，还有许多别的好处。目前，城市委员会的议事日程已经被比例失衡的独立地产项目申请压得喘不过气来了，似乎地产项目比学校教育、公共安全、经济发展及生活质量都更重要。之所以产生如此多的独立地产项目，就是因为缺乏一个适当的总体规划来指导开发。完成并实施一个新的城市总体规划看起来似乎像是打一场战争，而进行一场大战并一举赢得胜利难道不好过每周都进行新的战斗吗？

也许你会感到困惑：为什么很多城市都没有切实可行的总体规划？为什么有些城市提出了总体规划却未能通过？答案就是：正如任何一个显然不切实际的体系却得以维持的原因一样，那就是某些有权势的人正从现状中受益。在地产许可审批上，这个情况十分明显。在大多数城市里，目前大量记录在案的土地使用条例都混淆不清、值得商榷，很少有开发商会尝试照做。在这种情形下，开发商们都知道，他们能做出的最重要的设计决策就是留住合适的顾问或规划师。社会上不乏这样的顾问，他们通常都会对开发商说："我会为你们争取到城里最好的商机。"

这些顾问在这种无法预测的困境中茁壮成长起来。而表述清晰的城市总体规划就成了他们不共戴天的仇人，因为它的出现立即贬低了他们的服务价值。当该规划完成的时候，他们就开始胡闹，警告他们的开发商客户："小心点，如果这个规划通过了，你们就没有灵活性了！"最终，该总体规划遭到否决，现状得以维持。基于以上原因，总体规划必须尽快在原则上得到通过。我们为佛罗里达州的斯图尔特市（Stuart, Florida）制定的规划依然是纪录保持者，规划于下午 4 点钟提交上去，4 个小时以后就获得了通过，并成为法律。任何一个切合实际的总体规划都会包括实施部分，上面有通过规划的时间表。

在探讨总体规划的问题时，谨慎、甚至悲观都是很自然的。有那么多已完成的规划成了"书架规划"——除了接尘土之外，什么作用也没有发挥——使得明智的市政当局在投入规划工作时，无不揣揣不安。这么多规划都失败了，为什么还要浪费时间和金钱？这个问题的明确答案就是：要研究那些成功的规划，并找出成功原因。虽然对事物一概而论是有风险的，但看起来大多数成功规划好像都具备两个共同点：第一，他们都是在完全公开、互动以及公众参与 的过程中完成的；第二，它们都包括基于实体并在通过后上升为法律的城市法规。就这些成功规划本身而言，它们并不依赖于某些人对未来好高骛远、不切实际的追求①。

由于入口的增加和经济的强大，美国城市已经进入复兴时期。越来越多的人发现，郊区并不适合自己的需要，特别是那些感到无聊的年轻人和不能开车的老人。在 21 世纪的最初几年，向老城中心区投资的愿望不再是荒唐的幻想。事实证明，这个愿望实现的前提就是，城市的发展要遵守传统邻里社区的原则，而不是简单地对汽车主导下的蔓延进行一个高密度的翻版。后一种结果并非不可能，因为众多开发商除了擅长郊区建设之外别无所长。因此，城市要责无旁贷地保护自身，不要沦落为受孤立的塔楼和停车场戕害的悲惨境地。如果能够获得成功，不仅市民受益，相邻郊区的居民们也会受益，他们将再次有机会经常体验到真正的都市生活。

---

① 当然，有了足够的公众支持，即使未获得最终成功的方案也会具有很大影响力。受到市民的积极支持，并依照大多数人意见制定的总体规划，即使没有取得官方地位，也能一直被视为有效的开发指南。历史意义深远的迈阿密南海滩便是如此，尽管"历史建筑保护总体规划"一直未被城市委员会通过并成为法律，但它却在 20 年里为该地装饰艺术的恢复发挥了有效的指导作用。

第十章
如何建设一座城镇

"能够影响日常生活的品质，才是艺术的最高境界。"

——Henry David Thoreau，《湖滨散记》（1854）

尽管在塑造我们的环境时总是事与愿违，但我们仍然相信自己有能力把它做好。尽管人们已经淡忘了真正的城市设计的原则和技巧，但它们并没有消失；人们可以从目前尚存的许多古老的好地方，重温这些原则和技巧。通过对历史经典范例的模仿，在一些近期的项目中，设计师们创造出新的城镇，就像那些深深触动他们的老城镇一样令人印象深刻。我们已经讨论过很多成功的城市建设原则。本章将详述设计新邻里社区的一些细节问题。

"做"与"不做"的理由

我们每周都能接到一些人打来的电话，告诉我们，他们看到了关于我们设计的新城镇的文章，并且准备搬到这样的一个城市去居住，以体验文章中所描述的邻里社区感觉。我们所做的第一个回应是：要求来电者回想一个曾经给我们以启示的老城镇。坦率地讲，作为传统邻里社区的居民，我们很想知道为什么有的人愿意住进崭新的开发区，不愿住在历经几代人的生活而变得很成熟的邻里社区；为什么愿意住在海滨而不愿住在基韦斯特（Key West）；抑或为什么愿意住在肯特兰（Kentlands）而不愿住在乔治城（Georgetown）？对于这一问题的简要回答是：人们渴望住进新房，但那些美丽的老邻里社区已经经历了物业的升值，房价高的让他们惊讶，只有在这些新建的邻里社区，才有他们能买得起的新房。无论原因如何，令人困惑的是，在还有很多老邻里社区欢迎新住户迁入的时候，人们却高高兴兴地选择搬去新建的邻里社区。

新城镇并非总是答案。未开发地区是否适合开发，取决于它周围地区独有的特征。某些事实是既定的。如果一个区域在人口或财富方面不是按照统计学的原则在增长，那么它也不应该按照地理学的原则来发展。这种不确定的分散开发造成了城市中心区资源逐渐耗尽，以及新的基础设施因散布而浪费。即使是正在发展的区域，其经济效益和社会的公平也要求区域发展要尽量集中到那些至少已部分得到发展的地区。

在目前已开发的区域未得到充分利用的情况下，为什么还要在新的地方进行开发呢？必须清楚说明的是，很多社会和环境问题可以通过暂缓未开发地区的发展这个方法得以很好的解决,至少是暂时的解决。无论是城市中心区还是现有的郊区,都有现成的空地可以供城市内填项目使用。但是,正如此前所述,相关的各利益方都企图使投资远郊区比投资城市内填项目更能吸引开发商。当前,尽管我们正力图阻止郊区的发展,但我们必须承认,郊区仍然以最坏的方式在不断扩展:依赖于汽车的蔓延。

尽职尽责的设计者面临着艰难的选择:是不加干涉地任由蔓延存在,抑或重新建立一种可能的良性的生长模式?面对抉择,越来越多的设计者认为,无所作为更容易维持道德上的清白,而打破常规却要冒着未知的风险。远离危险的做法看起来更容易一些,但这却意味着当前的境况再难得到改善了。除非这种不公平的绿地开发模式能够被终止——这其实是没什么指望的[①]——设计师要尽力确保城市边缘的建设能实现环境和谐、经济高效和社会公平[②]。

以下内容概述了我们在努力发展健康郊区的实践中应该贯彻落实的设计原则。这些原则在附录 A 的"传统邻里社区开发一览表"中也有简单的介绍。

---

① 当前的最高法庭清楚地指明了,地产所有权比优秀的设计更重要。虽然限制某些私人土地的开发对公众有利,但很多这砀的努力却被贴上"索取"的印记,因为土地所有者要支付的钱等同于政府所失去的税收。

② 我们已经有充足的理由由郊区从事减少蔓延负面影响的工作了,而令人欣喜的是,这些工作在内城地区也收到了意想不到的效果。有两个十分典型的故事:在克里夫兰(Cleveland)的中心地区,有一个已遭遗弃的古老的非洲裔美国人居住的邻里社区,正在思考重建之路。当地的邻里社区发展基金会拜访了我们,并表示希望该社区能发展成西塞德(Seaside)那种形式。显然,西塞德的模式并不适合当地的气候条件与传统建筑,它们最终的落脚点应该是克里夫兰(Cleveland)。但是,他们对西塞德所具有的传统组织原则的热衷,促使他们建造了 81 栋新的住宅,在风格和尺度上都和社区遗留下来的建筑非常协调。在马里兰州的盖则勃格(Gaithersburg),市长 Ed Bohrer 曾经领导了肯特兰的开发工作,并坚持要按照最高标准来进行建设。他向公众咨询为什么肯特兰的老商业中心区的质量不及新的商业中心区,在他的建议下,该市委托制订了一个主街建设的总体规划,从而主导了盖则勃格商业中心区的复兴。也许这并不令人惊奇,许多新的城市中心区的建设都是为自治市而进行的,这些自治市见证了在未开发地区的新传统主义项目的普及。

区域层面的考虑

对于任何新乡村和城镇来说，最重要的设计标准应该从区域层面进行考虑，而这一点往往很难达到。目前，大多数的开发不是根据地理上的考虑，而是根据资源的随意配置：首批要开发的土地并非是因为它们地理位置优越，或是对环境影响最小，而是因为这些土地的所有者拥有足够的开发资金。我们的区域规划当局在这方面应该向欧洲同行学习。在那里，政府通常指定并实施土地的开发，而私营开发商则集中在单个建筑的开发上，这样做的效果非常理想[1]。理想的状况是，所有待开发的用地应该进行合理的综合性区域规划，在规划中限制对汽车的依赖

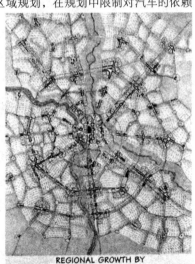

REGIONAL GROWTH BY
TRADITIONAL NEIGHBORHOODS

理想化的区域：新的开发项目以完整的邻里社区形式出现，它们或坐落在市区之内，或沿现有的交通走廊而建（绘制者：Thomas E. Low, DPZ）。

---

[1] 历史上，德国的许多城市是由当地市政府决定新的发展用地和开发速度，而不是把它交给私营机构去规划。当城市需要扩展的时候，市政府就依法按农田价格征用农田，设计新的社区，建设基础设施，并将土地重新分区后按市场价卖出。土地转化为建设用地所产生的价值归城市所有。这种做法不仅确保了明智的开发，而且也解释了为什么仅仅柏林市在艺术文化方面的预算就比美国整个国家艺术基金会（National Endowment for the Arts）的预算还要多。现行的美国体制大多毛映了人们对政府强势干预商业自由的排斥，必须强调的是市政府在土地开发过程中依然是一个合作伙伴——一个不出声的伙伴。就像欧洲国家一样，它一般为道路、基础设施、学校、图书馆、警务和消防机构提供资金。唯一真正的区别是，在美国，市政府很少对纳税人在这些设施中的巨额投资进行控制。

和保护开放空间。如果不是紧邻既有的开发项目，新的项目应该建在基础设施较为完善的地方，如果可能的话，应该靠近未来的交通站点。在最合理的区域规划中，现有的 和未来的轨道线将会成为建设新的邻里社区和城镇中心的基础。

混合用途的开发

不管区位如何，新的邻里社区都可以通过混合使用来避免蔓延的加剧。每个居住邻里社区至少必须设置街角便利店，来为居民提供从橙汁到猫粮的日常必需品。虽然这仅仅是个开始，但小小的街角便利店却在限制汽车出行方面创造了奇迹，并且在建立邻里社区联系上比社交俱乐部起到了更大的作用。

街角便利店应该在邻里社区的建设初期就开始兴建。但在初期，由于周边的居民较少，它在经济上会入不敷出，而且在邻里社区建设成熟之前，都不应指望它能够盈利。因此，开发商应该为其提供免租金的零售空间，把它作为配套的生活福利设施。这种做法对于普通的开发商而言，与精心地建设一个特色入口或邻里社区会所是大致相同的。如果能妥善地雇用一个好交际的热心人来经营，街角便利店是很容易被明智的开发商接受的，因为它能有效地促进房地产的销售。

要证明街角便利店的适用范围，两个新近开发的项目可以作为参考。其中一个项目是位于米德尔顿山（Middleton Hills），紧邻威斯康星州的麦迪逊市（Madison）的新邻里社区，其开发商是建筑大师弗兰克·劳埃德·赖特（Frank Lloyd Wright）的门生。他在那里建造了一个草原风格的建筑，包括一个街角便利店、一个邻里社区中心、一个邮局和一个无需预约的医疗诊所，所有设施共同负担租金。这个街角便利店（咖啡店）有煮意式浓咖啡的咖啡机和品种繁多的特色美食。如果说有什么不足的话，就是对于中产阶级的顾客来说，其商品过于高档。但随着邻里社 区的发展和店主对人们日常生活需求的响应，这种局面势必会得到改善。

另一个例子就是位于弗吉尼亚州贝尔蒙特（Belmont）的街角便利店，它就开在一个经过扩建且有着悠久历史的独立住宅的底层。店主住在楼上，他没有要求开发商给予住房补贴。小店提供的各种物品以最大限度地满足邻里社区居民的需求，以至于为了满足一个居民的日常生活习惯而每周买 7 个能量棒（Power Bars）——这是一个小规模"适时"库存的典范。在这个步行尺度的邻里社区里生活的孩子们，在小店里都有一个 5 美元的赊账账户，可以凭此选购他们喜爱的物品。小店里还有一台电视机和几条打瞌睡的狗，它虽然谈不上是建筑上的杰作，但它起到了应起的作用。

当然，街角便利店只是迈向真正混合用途的第一步。邻里社区规模的购物中心也许更适合人口较多或临近过境交通的邻里社区。这样的零售购物中心面积大约在 2 万平方英尺左右（约 1858 平方米），集杂货、干洗、录像带出租以及其他日常必需品商店于一体，它应该在预见未来需求的情况下，被设计在任何一个大开发项目中。任何一个包含了两个或者更多邻里社区的城镇规划都应该包括这样的城镇中心，而当其周边的居民足够多的时候，它就应该开始建设了。

混合用途的邻里社区也包括工作的地方，而且越多越好。除了家庭办公室，

高端市场: 位于威斯康星州米德尔顿山（Middleton Hills）新村的一个街角便利店和办公室混用建筑。

住宅底商: 位于弗吉尼亚州，贝尔蒙特（Belmont）新村的一个街角便利店和店主住所一体的建筑。

最小的就是邻里社区工作中心，它也许是最小的办公场所。在这里，居民们可以分摊秘书、办公设备和会议室的费用。和当地的金考（Kinko）公司一样，这样的邻里社区工作中心也是以盈利为目的的，随着更多的人决定在家办公，这样的机构日趋兴盛。

在理想状况下，每个邻里社区在设计时都应考虑居民和工作机会的对等。虽然这违背惯例，但并非不可行。这样做唯一需要的，就是住宅和商业的开发商们在同一地块的开发中，同意采用一个协调一致的方案。当一个开发商兼顾两种开发的时候，事情就变得更容易了。河滨新城（Riverside）是亚特兰大市最近开发的一个邻里社区，它的开发商是波斯特地产公司（Post Properties），该公司规模之大足以同时进行住宅和办公建筑的开发。该区的一期建设包括25万平方英尺（约23 225平方米）的办公建筑和200套公寓，它们在建成后都立刻被以高于市场均价40%的租金租了出去。下图中显示的是一条主街，它的尽头是一个广场，广场的边缘是临街的商店和咖啡馆。这一尝试的迅速成功使波斯特公司停止开发郊区蔓延式的项目，专心投入到高密度混合用途的开发项目中，这其中也包括城市中心区的项目。[1]

针对"迫使"工作场所进入居民区的通常的批评是：即使工作场所离居住区近了，但它未必距离在那里工作的人们的家近。在建设初期这种说法可能是正确的，但经过一段较长的时间，情况就未必如此了。毫无疑问，在新城镇的大多数工作场所供职的人员刚开始时并不住在附近，这就像大多数搬进新房子的人在别处有一份稳定的工作一样。但是对老邻里社区的研究表明，这种情形会在25年左右得

商店、办公室和公寓：位于佐治亚州的河滨新城（River-side, Georgia）邻里社区的主街。

到改善。在可能的情况下，人们会把家搬到他们的工作地点附近，或者是选择离家近的地方就业。规划师们必须给他们这样的机会[1]。

对传统城镇规划的批评是目光短浅的，因为它假设了一个完全整合的邻里社区会魔法般地在一夜之间出现。真正的城镇是要花费时间去营造的，设计师只能提出最有可能使其达到未来混合用途的各种要素和条件。在规划完成 18 年后，滨海新城（Seaside）只建了一所学校，而市政厅还尚未落成。那些提出质疑的人们质问滨海是否应该多此一举地继续为市政厅预留建设用地，他们也正是当初那些嘲笑规划应包含学校的人。但是开发商 Robert Davis 没理会这些反对的声音，因此，现在滨海的孩子们才可以步行去上学。

现在我们要讨论的是混合用途的最后一个组成部分：市民公用建筑。在有了住房、商店和工作场所以后，市民公用建筑是任何一个新建邻里社区必不可少的组成部分。的确，应该将城镇里最显眼的地段预留给它们，例如地势较高的地方、主要交通路口或是城镇广场。较大的市民公用建筑包括市政厅、图书馆、教堂以及其他类似的建筑，它们需要人们用最大的耐心来等待，因为它们一般是最后竣工的项目。但如果人们要在将来建设这些建筑的话，它们就必须预先进行规划。同时，较小的市民公用建筑，譬如邻里社区休闲娱乐中心，或城镇绿色广场上的音乐台，都可以被用作社交中心来促进人们对邻里社区的认同感。

规划先行，逐步实现：经过 18 年设计建造的滨海新城的学校。

---

[1] 与此同时，将工作场所集中在交通结点（比如城镇中心）的办法，可以减轻很多由上下班通勤所造成的危害，这样一来，无论人们在哪里居住，都可以乘坐公共交通工具上下班。

　　最重要的市民公用建筑是邻里社区小学,它与任何一户居民之间的步行距离应该不超过 15 分钟。就目前而言,这样的要求似乎太过激进,因为当前确定学校规模的主要考虑似乎是为了提高清洁服务的效率。但是,即便如此,仍然有很多人支持这样的要求。很明显,规模较小的学校是有效学习的关键。最近的研究表明,拥有少于 400 名学生的学校出勤率较高,问题学生和辍学学生的数量较少,而且学生的考试成绩往往较高。鉴于这样的研究结果,在全国范围内,锐意进取的教育局正在以小规模的邻里社区学校来取代 80 年代兴建的超大规模的学校①。步行而不乘坐公共汽车或小汽车上下学,对儿童的身心发展非常有利。而且,乘坐公共汽车上下学每年要花费每个学生 400 多美元,而教育局在决定把几所小学合并成一个超大规模的学校时从未考虑过这笔费用。就像住宅工程和大型购物中心一样,学校的建设也深受“越大越好”策略之害。该策略过分简单化地夸大了规模经济的优点,却忽略了巨额的间接成本。

　　真正的邻里社区内的单体建筑应该采用混合用途的方式。许多包含了公寓、办公室和商店的混合功能建筑已经建成在像滨海这样的新传统城镇中,其中最前卫的,是由 Stephen Holl 设计的建筑作品,它在建筑杂志上已经赢得了很多赞誉。大多数非建筑专业的人们认为该建筑很丑陋,但这并没有阻止他们到那里去购物,而且,它在城市广场上的出现极大地激发了邻里社区的活力。

“城市建筑”：Steve Holl 在滨海商业中心区设计的建筑融住宅（上层）、办公室和商店（下层）于一体,这种组合在郊区是非常少见的。

---

① Susan Chira,“小就好吗？”“Is Smaller Better?” A1.纽约市和费城是正在最为广泛地推行这种转变的地区。

连续性

如果一个新的邻里社区希望对所在区域作出除了交通以外的更大贡献的话，那它除了建造混合用途的建筑以外，还必须做更多的事情。它与相邻邻里社区的关系也很重要。蔓延的道路模式等级森严，使人们几乎每次开车出行都要使用为数不多的连接路，为了避免这种低效率，新的邻里社区必须在可行的情况下将围绕在它周边的一切都连接起来，即使相邻的只是一个单一功能的豆荚状的邻里社区①。必须强调"如果可行"，因为很明显，我们既不可能横穿高速公路或河床来进行连接，也不会去连接炼油厂或卡车停车场。但是，一切适合连接的用地都应该被连接起来，尤其是相邻的居住区之间的用地。

说起来容易，做起来难。每当我们设计一个新邻里社区的时候，我们都尽最大努力将其与周边相邻地块连接起来。我们甚至可以不管相邻地块房屋的质量如何，而将我们最豪华的住宅与其毗邻而建。我们更会向他们提供我们其他项目的照片和推荐信，并且展示这些项目优异的财务评估报告。

例如，位于滨海新城东面且先于它而建的海林区（Seagrove），与滨海新城至少有三个地段相连接。在这两个区域之间，几乎没有明显的界线。自1980年以来，滨海新城的年增长率达到了25%，受此影响，海林的地价也以每年10%的速度递增。

拒绝设置大门：滨海新城直接与其东边的海林区的街道网络相连接。

---

① 事实上，一个选址恰当的城镇中心，可以通过组织步行可达的工作地点、便利零售店、交通站点等来缓解其周边郊区所存在的交通问题，同时，它也可以通过缩短原本更长的车程来缓解交通压力。

而另一案例，以城镇住宅开发为主的奥切兹（Orchards），没有同意与毗邻的新城镇肯特兰相连接。当肯特兰的地价自 1991 年以来一直以 12% 的速度递增的同时，奥切兹的地价涨幅却几乎跟不上通货膨胀的速度。[2]

即使在这样明显的事实面前，土地细分地段的居民也几乎不愿意与周边的新邻里社区相联系。最近在纽约沃维克（Warwick）的一个项目的开发中，一名妇女竟然拽着她 6 岁的女儿向媒体哀诉筹建的开发项目将会带给她的痛苦。在另一个犹他州郊区的项目的听证会上，一位住在该项目旁的居民散发了下面这封信。

> *[规划者]带着明显的欺骗意图陈述道："狭窄的街道充实了孩子们的生活，到处都是孩子，他们可以在街上和巷子里玩。"在街道上玩耍使人联想到东部大城市里那些没有院子的廉价屋。当孩子们不在你的院子里，并且离开了你的监管的时候，他们就会在那些不受约束的地方拉帮结派。暴力和恐惧将会支配这样的街道，而这些帮派分子也会开始开着飞车枪击我们。离开家的孩子更有可能被绑架，在几个街区外的游戏场玩耍的孩子，也可能受到攻击或遭人强奸。*

无论他们是否有理，邻避族（Nimbys）是区域连接的障碍，这也解释了为什么很多新城镇规划都设置较少的出入口。当我们连接相邻的土地细分地块的请求被拒绝后，我们转而在关键位置设置一些道路便利设施或步行道，以便日后我们的邻居们在改变想法时能有转换的余地。

连接性也是关系到高速公路和主干道的重要议题。正如在第五章里面讨论过的，没有高速公路的城市概念包含两条基本原则：高速公路和主干道到达邻里社区时，应该从其边缘通过，而不是从其中直接穿过，从而导致社区被分隔开。当它们不可避免地与社区相接触时，高速公路和主干道应采取能使机动车减慢速度的几何形状。遗憾的是，这和现行的惯例相抵触。由于公共工程局把交通流量看得比邻里社区的活力更重要，我们几乎要在每一个我们开发的项目中与这些规则

输给过时的标准：隔着超宽的道路看米德尔顿山的商店。

相对抗。我们在中西部地区的两个项目遇到同样的问题：为了把低密度的郊区和空旷的农田联系起来，自治市的规划不惜将一条主干道强制性地穿越新的邻里社区。可以预见，由于这条道路的建设产生的交通，将迫使我们把这个邻里社区一分为二。在威斯康星州的米德尔顿山（Middleton Hills, Wisconsin），那里的主街过宽，形成了令人不快的沥青海洋。在爱荷华州的艾姆斯（Ames, Iowa），在我们的请求下，原本设计的四车道的主干道被改为了两车道。可当我们一离开该城，它们就又被改成了四车道。

当规划一条重要道路时，应该如何处理它和邻里社区的关系呢？这取决于这条道路是被设计成市民大道还是汽车的通道。当这条道路被设计成大街或主街，并且设计中非常注重细节时，它就适合从邻里社区中穿过；如果它被设计成公园道路或林荫大道的话，它便适合在邻里社区的边缘通过。这样，市民大道就变成了周边建筑的优美背景，同时，建筑也为它锦上添花。新泽西州的普林斯顿（Princeton, New Jersey）恰好有这么一条主街，赏心悦目的各色商店都聚集在一条重要的区域性干道旁。而在堪萨斯城的乡村俱乐部区（Kansas City's Country Club District），高档住宅直接朝向交通繁忙的道路，隔着葱郁的草地看，这些房屋为驾驶者们营造出了一个盛大的入城典礼。

只有当这种有害的高速交通不可避免时，道路才可以从房屋背面通过。如果开发商采用这种解决方案，那他必须建一堵墙，否则，房屋的后院就无法居住了。由于大多数主干道的设计都是为了创造高速交通，因此，"隔音墙"成了新郊区解决高速交通与房屋矛盾的标准办法。

　　一个基本的原则是，只要道路被设计成能促使车辆减速的几何形状，那么通行的车辆和邻里社区之间便会形成互敬的关系。友善的房屋正立面告诉驾驶者要降低车速，而光秃的山墙和房屋背立面则会让人加快车速。一个折中的方案适合于中速的道路，让街区较短的一侧朝向道路，从而使房屋的侧面与道路相邻，而葱郁的草地则成了附加的缓冲区。比佛利山（Beverly Hills）的日落大道（Sunset Boulevard）就是采用这种方式建成的。沿途的每个街区的一端都与大道相衔接，从而形成了每三百米或不足三百米就有一个道路交叉口的状况。如此频繁的交叉口会让交通工程师非常恼怒，他们往往希望两个交叉路口间的间隔要大得多，以便汽车能高速行驶。必须提醒交通工程师的是：林荫道和高速路的区别在于，后者根本不属于居住区[1]。

充分利用场地

　　现代开发以其对待自然环境的特殊方式而声名狼藉，它的典型做法是：首先把建设用地铲平，而后再进行设计。自从 19 世纪 Jefferson 将美国国土用网格系统划分以来，这种态度就已经变成惯例而不是例外了[2]。那么，普通的美国建筑商宁

---

[1] 在人们引用了施工手册中的相关统计数据后，这个论点就变得相对容易理解了。数据显示，当汽车时速在 30 英里（约 48.3 千米）时，道路承载的交通量会比汽车高速行驶的状况更大。其原因在于当车速超过 30 英里时，车与车的间距加大，从而降低了道路的通车容量。

[2] 在 1787 年制定的"西北地区法令"（the Northwest Ordinance）中，Thomas Jefferson 和他的同事们采用了通常使用的"平方英里网格"来丈量土地，涉及从阿帕拉契亚（Appalachian）荒漠到俄亥俄山谷（Ohio Valley），以及大平原（The Great Plains）的广阔地域。75 年后，"宅地法"（the Homestead Act）又进一步将每平方英里网格划小至 1/4 平方英里（0.65 平方千米）。在这样的细分后，当人们在飞越北美大陆时，仍然可以清晰地看 出土地的网格。其结果是，1/4 平方英里成了到目前为止住宅用地细分的最普遍尺寸。而这个尺寸正好符合理想邻里社区的大小，也就是人们从小区边缘到中心步行 5 分钟的距离，这会让居民感到非常便利。

可花费 10 万美元以雇用推土机把场地铲平，以及安装人工排水系统，也不愿把钱花在敏感场地的规划设计上，这样的做法也就不足为奇了。

除了显而易见的生态效益外，还有许多因素促使我们必须要保护好建设用地的自然环境质量。首先，自然特征不只是滨水地带和山坡，还有湿地和树木，这些都能使房地产大大增值。其次，景观的特征能够帮助人们了解并与他们所处的环境进行沟通。如果能用到"遇到池塘向左拐"这样的话，那么即使是在已陷入困境的郊区，给人指路也变得容易得多。最后，对形状不同、各具特色的建设用

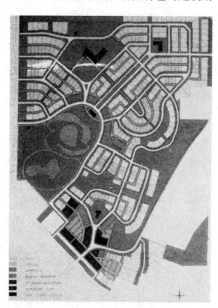

山村：米德尔顿山的规划主要是根据用地的地势而制定的。

米德尔顿山：南面入口及中心区。

地进行设计会更容易，也更有趣味。平坦且毫无特征的土地让人无从下手，相反，复杂的建设用地却能够清楚地告诉设计师它想成为什么样子。米德尔顿山的新奇的规划方案就是很好的例证。在那里，项目规划的每一个重要决定，都要基于建设用地的地形和分水岭来考虑。

从南面进入，人们要连续穿过两个岔路。在第一个岔路口有一个街角小店，在此右转，参观者能够绕过邻里社区，并沿着乡村高速公路继续向北行进。沿岔路左侧，人们会到达一个像是倒扣的船体的小山脚下，道路在这里又分成两条。这个标志性的场地被预留下来用于市民公用建筑的建设。在这里，向左转，人们可以沿着"低路"（low road）向西到达零售商店云集的主街；而向右转，人们便可以顺着东边的小山丘上行直达山顶的"高路"（high road），人们能由此眺望门斗他湖（Lake Mendota）对面的州议会大厦。

低路的重点是湿地保护区，这是一片面积拓展为 50 英亩（约 20.23 公顷）的天然公园。正如大多数具有历史意义的邻里社区一样，这个公园没有成为住宅的后院而被私有化，环绕在它四周的是公共的公园路，这样做使它平等地属于全体居民。湿地的水源来自其东北面的鞍形山脊的分水岭。这种鞍形决定了规划中这一部分的斜线走向，与附近的麦迪逊网格（Madison grid）的情形一样。顺着这个鞍形山脊的中部向下，就是中央沼泽旁的大道，这条大道的终点是位于山顶的第二个市民公用建筑的预留场地。整个规划的最中心的位置，也是最高点，是被预留下来作为小学校址的第三个标志性场地，场地四周环绕着山坡上的草地。规划的其余部分则试图

米德尔顿山：湿地公园和"马鞍"。

把这些独特的环境特征有效地连接起来，而不损害山坡的自然形态。

米德尔顿山的规划展示了根据场地特色来进行规划的方法。湿地、湖泊、池塘、溪流、小山、树架、树篱以及其他的显著特征，不但得以保留，而且还被发扬光大。它们朝向公共道路而不是私人庭院，从而形成了绿地、广场和公园等，而这些传统的公共场所则提升了周围街区物业的价值。在较大开发项目中，两个邻里社区之间的绿地被精心打造成一个绵延不断的绿廊，就像奥姆斯特德（Olmsted）在波士顿设计的翡翠项链项目（Emerald Necklace）一样。这些绿廊可以作为天然的排水道和动植物的栖息地的延续，也常常成为人们休闲和散步的场地[①]。

邻里社区的规则

米德尔顿山是单一邻里社区的典范，其规模是根据从边缘到中心步行 5 分钟的方法来确定。5 分钟的步行，也叫步行范围，其距离大约是 1/4 英里（约 402.5 米）。它是在 1929 年经典的纽约市区域规划中正式被提出，成为邻里社区规模大小的决定因素的。但其实，它早就作为非正式标准被用在从庞培城（Pompeii）到格林尼治村（Greenwich Village）的早期城市建设中了。如果要绘制大多数战前城市邻里社区的地图，从它们的边缘到中心的平均距离大约是 1/4 英里（约 402.5 米）。然而，适当的灵活性是可取的。西海岸的设计者 Peter Calthorpe 就建议采用十分钟的步行距离，以便能有更多的家庭可以利用一个交通站点乘车，而大学生们似乎可以容忍 20 分钟的步行距离。但即使在冰天雪地的威斯康星州，大多数新的传统城市规划都是以 5 分钟步行的标准来进行设计的，1/4 英里（约 402.5 米）通常

---

① 采用这种对待自然环境的方法进行新的邻里社区的开发是非常符合逻辑的。恢复已城市化地区的环境完整性是一项更加复杂的任务。Bill Morrish 和 Cathering Brown 所做的工作已经向人们展示了恢复已建成环境的长远做法。要想获得更多的相关信息，我们推荐他们的书 *Planning to Stay: Learning to See the Physical Features of Your Neighborhood*。

是你能看到你的目的地的距离。更重要的是，经验表明，大多数美国人都认为这个距离短到完全不需要开车，因此，在我们这个依赖汽车的时代，它成了一个完美的经验法则。

设计一个开放的场地的第一步，就是利用它的自然特征来确定 5 分钟步行可达的邻里社区的边沿和中心。邻里社区的中心一般位于可用土地的地理中心位置，但可以根据场地情况稍作调整，比如说在场地的一端有一处景致或一条重要道路。在滨海市，30A 号高速公路通达市区的南端，而城市中心就位于高速公路上，成为通向海滩的门户。对于那些可以容纳多个邻里社区的用地，有两种组织方式可供选择：一种是各邻里社区独立存在，由绿化带分开，在这种情况下，每个居民

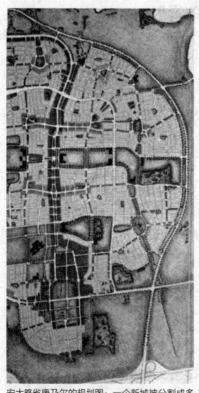

安大略省康乃尔的规划图：一个新城被分割成多个独立的邻里社区。

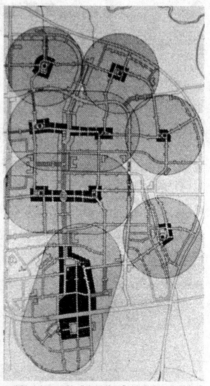

5 分钟步行可及的"步行范围"被应用到康乃尔的规划上：几乎每一栋住宅都距商店和公交站点不超过 5 分钟的步行距离。

点都依然是一个村落；另一种就是各邻里社区直接相互毗邻，它们的边沿共用一条林荫大道。在这种情况下，这些邻里社区可以联合起来组成一个镇，甚至一个市。在这两种情况下，其总体结构都规划了相当直接的公交环线，在环线上用林荫大道把各邻里社区的中心连接起来。这种做法在安大略省万锦市（Markham）的一个新城——康乃尔（Cornell）的设计中清晰可见。

康乃尔不折不扣地应用了这种邻里社区的概念，唯一的不同是，高密度使若干个邻里社区的中心向外延伸到较长的主街上。其结果是，三个步行区域的范围与其说是圆形倒不如说变成了椭圆形。

康乃尔是一个有趣的故事。我们用了两年多的时间为安大略省设计了面积达2400英亩（约9.71平方千米）的建设项目。当我们快要完成时，新当选的政府决定把它出售以获利。尚未开工建设的项目被有实力的传统开发商购得，而他们将以多大的诚意来执行原有的设计方案不得而知，直到目前，城市的结构基本上是按照最初的城市设计来进行建设的，但建筑比方案所提倡的形式显得更为零乱。"康乃尔将是一个完善的居住区"，开发商用反对蔓延的花言巧语来招揽客户，他们在开始销售的最初5个月里就卖出了300多套房屋。

康乃尔或许是反对蔓延运动的国际中心。在作风强硬的规划局局长Lome Mccool和几位有远见的市议员的领导下，万锦市于8年前决定采取积极措施来对抗蔓延。这对于深受蔓延影响的万锦市来说，是一个非常了不起的姿态。该市聘请我们公司为其设计两个大的地块，并确定在城市边缘建设的新开发项目只有邻里社区。最终的土地规划方案看起来像是一个典型的北美城市的真实倒置版：典型的蔓延在中央，四周环绕的是连续的网格状排列的城市建筑。在理想状态下，这些新的邻里社区的建设应该遵循本章所列出的原则，但我们必须对此持怀疑态度，因为该市一些很好的规划尝试正在受到一个精明而又顽固的住宅建筑联合企业的挑战。

邻里社区的中心和边缘一旦被确定下来，接下来要做的自然就是各种土地用途的分配。高密度和市民活动频繁的区域围绕着邻里社区的中心，这里是主要的公共空间的所在地，例如广场（plaza、square）、绿地（greens）等，它们会根据地方传统的差异而有所不同①。邻里社区的中心也是商店和公交站点的集中地。从中心往外，住宅密度逐渐变小，最后就像到了村庄一样，那里的情形可能完全是一派乡村景象。不同模式的建筑被分在不同的区，但却不是根据它们的用途，而是根据它们的规模大小而划分的。而且，分区的变化发生在街区的中段，而不是以街道来进行划分，其目的在于保持每条街道两侧都是相同模式的建筑。这与在郊区常常出现的建筑风格迥异的现象是完全不同的。

突破性创新：在康乃尔全是独立住宅的街道。

标准实践：附近土地细分区里全是独立住宅的街道。

---

① Plaza 的主要特征是地面以砖石铺就，它通常出现在像新墨西哥州这样有地中海传统的地方。Square 大多是有绿化的，树木排列整齐，它们在美国非常常见，尤其是在中西部和老的南部地区。Greens，新英格兰地区的产物，草坪葱郁但不正式，就像城市中的一片牧场。不同地点的不同城市空间的优势提醒我们，规划必须考虑某些特定的文化因素，因为它经常可以否决社会、经济和环境的因素。

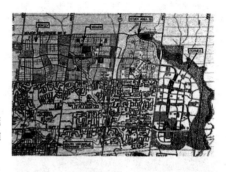

倒置的城市：安大略省万锦市的城市规划，蔓延在中央，围绕它的是后来建成的一片传统的街道网络（康乃尔在图的最右侧）。

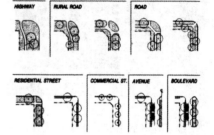

从最乡村化到最都市化：建筑和街道之间的空地的形式，随着其在邻里社区中的位置的变化而有所不同。

　　从邻里社区的中心向外，建筑物的密度逐渐变小，街道设计也出现了相应的变化。公共领域的每一个方面都从都市风貌变成了乡村的样子。封闭的路沿和排水暗沟变成了开放的沼泽地；树木不再整齐有序，种类也变得更加多样；人行道变窄了，以至于最终消失无踪；而住宅前院的进深则变得更深了。只有这样做，才能产生一种从文明到自然的真实而又温和的过渡。这种细致入微的做法，对给予邻里社区一种独特的归属感至关重要，而这则需要设计师和开发商倾注很大的心血，但是现在，这已经很少见了。人们只能寄希望于采用该方式设计的新项目在经济上取得成功，从而鼓励更多的开发商在这种精细化的设计上进行投资。

　　从中心到边缘的渐进式过渡在乡村表现得最为明显，就其定义来看，这些村落是自由地坐落在风景中的独立的邻里社区。在小镇或城市，很多的邻里社区在共用的主街交汇，其边缘也因此被设计成密度和活力较强的区域。在这种情况下，城市到乡村的过渡就发生在所处的邻里社区的边缘地带。

一个典型的康乃尔邻里社区：一端是主街，另一端是学校，每个地段都有自己的商业中心广场，每个广场都设有一个活动场地。

除了这种放射状的组织形式外，如上图所示的邻里社区还拥有一个笛卡尔（Cartesian）式结构。通向中心的较大的街道把邻里社区分成几个扇形区域，其中每一个在规模上都是适合小孩们玩耍的独立区域。像这样，每个区不仅有慢车道，而且还有自己的"袖珍公园"。公园的尺寸通常不会超过一个独立住宅的用地面积，而且它的位置距每个住户也不会超过三分钟的步行距离。因此，邻里社区为包括最年幼居民在内的所有住户都提供了活动的自由和一定程度的自主权。

发挥公交系统的作用

邻里社区自身的结构特点就很适合公共交通，包括轻轨、电车、公共汽车以及小公共汽车等。不过，无论在何种城市格局下，要想吸引使用者，公交系统还需遵循三条原则。

1. 公交服务必须是频繁且能够预知的。我们面对的挑战并不是如何证明这个显而易见的道理，而是要创造一个使交通服务在经济上可行的公交体系。这一目标只有在达到一定密度的条件下才能实现；研究显示，如果公交系统要做到自给自足，那么每英亩（约 4046 平方米）土地上至少要有 7 个住宅单元[①]。对于低密度的邻里社区中心，可以通过精心的组织和依靠小型汽车，也可以形成很好的交通网络。当然，这种网络很可能需要财政上的支持。

2. 公交路线必须直接且符合逻辑。乘客们都会避开那些效率低下而且令人难以理解的路线。任何有过和他人共乘旅馆巴士到机场的经历的人都会明白，那种绕来绕去、不知何处是重点的车程有多么难受。而公共汽车的路线也常常是漫长而弯曲的。人们对可靠的、不用换乘的路线的渴望，就是轻轨比公共汽车更受青睐的原因之一。

3. 公交站点必须安全、干爽、体面。在大多数郊区社区里，当人们坐在满是涂鸦的长椅上，或是丑陋的塑料候车亭里时，都会情不自禁地认为自己像个穷困潦倒的过客。难怪只有那些别无选择的人才会乘坐公共汽车，并由此产生了一个持续存在的底层群体。与之相反，传统的邻里社区却能为其居民提供一种既舒适又文明的公交体验。如果公交站点设于邻里中心，旁边就是街角便利店或咖啡店，乘客们就可以在等车的时候边喝咖啡边看报纸，或是做些别的既舒适又体面的事情。鉴于这种情况是经常性的，公交路线和城市规划应该同步协作进行。更理想的情况是公交主管部门还应与店主们合作。一般来说，店主们都欢迎公交站点为自己带来额外的生意。

[①] 公共交通分析师们的传统智慧认为，每英亩至少要有 7 家住户才能支持 30 分钟一班的公共汽车运营，而每英亩 15 家住户只能支持每 10 分钟一班的公交服务（环境及城市问题联合中心，Florida's Mobility Primer，38 页）。

街道

　　虽然前文已经对人行道的宽度进行了论述，但我们还有必要对街道进行更具体的探讨。在邻里社区内交通流量大的街道上，如果车行道宽度超过 10 英尺（约3.05 米），停车带宽度超过 7 英尺（约 2.13 米），简直是毫无道理可言。如果这二者中的一个再放宽一点，汽车就会在街道上快速行驶。然而，在交通流量较小的街上，则应采用另一种逻辑，即"礼让街"（yield street）。这种街道几乎在美国战前的每个邻里社区中都很普遍，而现在却被公共工程部草率地否决了，因为它用一条车行道来解决双向的交通——当两辆相向行驶的汽车彼此靠近时，它们都会放慢速度，其中一辆稍微转进停车带一点，另一辆车随即通过。由于车辆必须慢速通行，所以从未听说这种街道上发生交通事故。虽然这个办法不适用于交通流量大的街道，但它在低密度邻里社区的小型邻里街道中却很少造成交通延误。

　　这种街道虽然在工程师的公务手册中得到认可[①]，但事实上却不可能获得批准。几乎在我们工作过的每一个地方，我们想要设置"礼让街"的要求都成为导致工程延误的威胁。尽管这些"礼让街"在每个老城里都有，我们也都经常在这样的

礼让街道：一条单车道解决了双向交通。

---

① 著名的"绿皮书"（"Green Book"）（美国州际公路运输官员协会工作手册）对礼让街的介绍如下：缺少两条车道带对于独立住宅为主的地区而言并不会带来多大的不便。在很多住宅区，26 英尺（约7.93 米）宽的道路是很常见的。路沿之间的宽度可以容纳一条 12 英尺（约3.66 米）的中央行车道和两条 7 英尺（约2.14 米）的停车带。相向而行的汽车会相互让行，其中一方的车流会在停车带暂时等候，直到有足够的道路空时再通过。

街道上开车而从未发生过事故，但这些似乎都无法改变相关规划部门的固执观念。

最近，一场具有决定意义的"交通工程 vs. 现实"战斗在肯特兰（Kentlands）打响了。其中一个关键性的妥协方案，是应当地公共工程部门的要求，对城里一条主要的车行路——Tschiffely 广场路进行的改造。这是一条中央分隔式的大道，每个方向的道路宽度都达到了 24 英尺（约 7.32 米），毫无疑问，这是应消防部门的要求做的。除了绰绰有余的宽度之外，公共工程部门还根据自己计算的预计交通流量，迫使开发商在每个交叉路口都添加一个左转弯车道，他们说这里很快就会发生交通堵塞的状况。7 年后，不出我们所料，交通堵塞的问题没有出现，而超速问题出现了。面对市民的反对之声，Gaithersburg 市同意花费相当可观的代价来恢复这条大道初的设计风貌。在其后的一些开发项目中，该市利用传统街道宽度的做法渐渐变得从谏如流了。

建筑物

好的城镇规划本身还不足以创造一个理想的公共领域，各自独立的、专用的建筑物必须同样具备鼓励步行生活的特质。一项关于最有价值的传统邻里社区与常规的蔓延式居住区之间的区别的研究，再一次阐释了行人优先的建筑规则。

虽然邻里社区内不同位置的情况会有所差异，但通常而言，建筑都应建设在靠近街道的地方以限定街道空间，建筑立面则要求较简洁、平展。建筑从街道后退的距离，在靠近邻里中心的地带约为 10 英尺（约 3.05 米），靠近邻里社区边缘的地带约为 30 英尺（约 9.15 米）为了鼓励交往，建筑前面的庭院应包括走廊、阳台、门廊、凸窗，或其他半私密的附属设施。应允许这些附属设施占用建筑后退所空出来的空间，这就意味着建筑开发商并没有损失空间，而是获得了更多的空间。如果有适当的鼓励措施，建筑前面的门廊就不需要政府强制建设了。当然，在一些特定的地方，城镇规划师为了确保街道或广场的品质，还是会这么做的。

联排住宅是城市中很常见的建筑形式，通常设置于比独立住宅更靠近街道的位置，甚至紧临人行道，只留出建造台阶的空间。在这种情况下，出于隐私的需要，一楼必须高出地面至少 2 英尺（约 0.61 米）。如果街上的行人不能轻易地从窗槛看到屋内，那么屋里的人也就不会在乎紧靠着路人经过的位置品茶。距离人行道 5 英尺（约 1.53 米）范围内的绝不可设置底层住宅空间。如果在距离人行道 10 英尺（约 3.05 米）范围内必须设置底层住宅空间的话，则必须用门廊或花草浓密的花园来保护隐私。

对于零售业建筑，后退规定非常明确：禁止后退。传统的零售业要想取得成功，就必须使店面紧贴人行道，这样人们才能浏览橱窗里陈列的商品。设在商店前的停车场当然是要禁止的，因为没有什么比它更能毁坏步行生活了。街区中间的停车场与街道商店入口处的连接处理难度很高，必须相当小心谨慎才行。最有效的办法就是设置人行通道，下图中显示的是冬园（Winter Park）一条拥有精致的细部设计的步行道，穿插其间的是格架、喷泉、通向二楼公寓的楼梯以及优美的景观，所有这一切将后面的停车场与街道连接在一起。有经验的零售商意识到这是一个挖掘商机的好机会，因而利用它的室内、室外以及窗口来展示商品。在棕榈滩，一系列迷人

人行通道：作为由主街到隐蔽的停车场之间的衔接。

的"漫步"通道，将 Worth 大街打造成美国最成功的购物天堂之一。

无论商用还是居住，我们都应鼓励建设较高层的建筑，这样不仅能更加有效地利用土地，在限定公共空间上也更胜一筹。大多数建筑应不少于 2 层。单层的商店和办公建筑是郊区的建设标准，它不可能提供混合用途，同时也浪费了宝贵的土地资源。在可能的情况下，这些公共建筑应尽量彼此结合或与住宅建筑结合。如果现行机制做不到这一点，自治市应采用给商店上部建设公寓的项目发放补贴的方法。

郊区应普遍遵循的最后一条规则是：如果最终决定采用传统的建筑细部法则，就一定要用得恰如其分，否则会落个东施效颦的结果。关于这一规则，我们并没有特别的论点和理由，但是只要它被打破，就会带来非常可怕的感觉。遗憾的是，很多现代建筑师将太多的精力投入到一场注定失败的战斗中——抵制所有的传统建筑，因此他们根本顾不上将优秀的历史主义建筑与矫揉造作的劣质作品区分开，他们本应在后一个领域多施加些积极影响。

停车场

当开发商进行一项新的建设时，他会很快发现自己能修建多少住宅、商店或办公建筑，主要取决于该用地能容纳多少个汽车位。正如我们一位客户说的，"停车场是天命"。遗憾的是，停车场常常实施相当违反城市的天命，因为大多数自治市对停车场的要求都使得高密度社区的建设成为不可能，除非开发商选择建设多层停车场，而这是绝大多数开发商根本负担不起的。多层停车场内的一个车位要耗资 1.2 万美元，而一个地面停车位只需 1500 美元。这就是为什么几乎所有新建的郊区建筑要么低于 3 层，要么超过 20 层，因为只有高层才能负担得起停车库。

在郊区建设新的城镇时，对停车场的要求绝不能放松，这一点不同于老城市。事实上，开发商和他们的贷款人也普遍坚持修建充足的停车场。要想恰当地规定停车场规模，我们必须认识到，现有的停车场规范是针对纯粹的蔓延模式制定的，在该模式下，人们除了开车别无选择，而且路边停车也很少被允许。每个传统城镇区别于蔓延城镇的要素，诸如路边停车、混合用途、公共交通（如果有的话）、步行活力等，都能减少对停车位的需求。例如，混合用途意味着一个学校与一座电影院可以共用一个停车场，因为二者的使用时间是互补的。这也同样适用于办公楼和公寓大楼。郊区停车位常常要求每高达 1000 平方英尺（约 93 平方米）建筑面积要配备 5 个集中停车位，而这一规定用于混合用途的邻里社区就并不恰当了。比较合理的要求是每 1000 平方英尺建筑面积配备 3 个停车位，包括路边停车在内。这个数字也认可共用一个停车场的可能性。

即使如此，仍然需要很大的停车空间，这足以破坏大多数居民的城市生活体验。不过重要的一点是，停车场的位置比数量更重要，街道空间的质量才是第一位的。一条基经则是：不要再建设无法藏在建筑背后的集中停车场，也不要再建设那些需要额外停车场的建筑。

不可回避的风格问题

传统邻里社区的设计中很少甚至根本没有涉及建筑风格的问题。这一点也许连门外汉都能一眼看出来，但关于风格的问题我们必须予以论述，这是因为：正是大多数传统邻里社区的"怀旧建筑风格，使得它们被许多设计人员摒弃。虽然"风格"这个词基本不用于建筑设计界，"你的建筑是什么风格？"却是一个让大多数设计师望而却步的问题①。事实上，现在的建筑设计业对传统风格的建筑极为敏感。对很多建筑师来说，透过滨海新城（Seaside）和肯特兰（Kentlands）的坡屋顶、

---

① 在一个注重理念的时代，风格似乎被认为太过肤浅。对于现代的感性，历史上由风格癖占据的地位现在正被意识形态所取代。风格是关于建筑物的外观；而意识形态则是关于形成建筑物外观的理念。意识形态意味着价值，因为有些理念比其他理念更重要、更恰当、更好。因为特定的理念造就特定的外观，因此风格和意识形态不可避免地相互联系着。基于这一原因，传统的建筑可能不再被认为只是一个术语，而是代表了传统的观念以及它所暗含的一切。

木质百叶窗，很难看出它们隐含着多么先进的城镇规划理念。

　　为何会有这样的负面反应呢？这是因为现代主义建筑师将风格与意识联系在一起，而风格则具有道德的色彩。他们认为，在这个崇尚技术和多样性的时代，如果还采用过去的技术和压迫人性的社会所采用的风格来建设，在道德上是不可接受的[①]。不可否认，前卫派对文化的生命力作出了巨大贡献，从都市的摩天大楼到战争纪念碑，它的影响无处不在。然而今天，它的雄风已不复存在，用通俗的话来说——用于日常所需的郊区建筑，与人们对交往和个性化的需求背道而驰，已经到了声誉扫地的程度。它被重新命名为"当代主义"，实在是一个无力且混淆的风格，就连最现代主义的建筑师也无法忍受。同时，将现代主义设计师的突发奇想轻率地引入传统建筑中，也使得传统建筑变得一团糟，以至于最"传统"的住宅看起来也丝毫无法激发人的灵感。

　　其结果导致了现在存在着三种基本的建筑派别：尖端的现代主义派、正宗的传统派和大量走中间路线的折中派，折中派包括懒惰的历史主义派、不积极的现代主义派以及所有介于二者之间的派别，其中绝大多数都可以称之为庸俗派。虽然简短的现代主义派在纪念碑、商业建筑、一部分公寓建筑以及富人的豪宅建设等领域十分流行，但他们还没有打入中产阶级的房地产市场。绝大多数购房者只对传统建筑充满兴趣，或者退而求其次地支持走中间路线的折中派建筑。

　　正是在这个被践踏的战场上，一场争取传统城镇规划的战斗正在打响。在我们的观众中，有大部分是对我们的建设工程拥有批准权力的市民和公务人员，他们对现代主义建筑要么不欣赏、要么不信任。当我们阐述邻里社区的设计理念时，

---

① 按照这一逻辑，古典主义风格应该被禁止。遗憾的是，这种株连九族的方法很快就变成了没有赢家的游戏。例如，现代主义曾经被一些极权主义政权所盗用，按照上面的逻辑，它就不能再被人接受了。试想将来，在每一种风格最终都与一些流氓政府或罪恶公司有所牵连的情况下，唯一可以接受的就是尚未面世的风格了。

如果使用了那些不被认可的现代主义词汇，就会招致公众无以复加的怀疑，由于方案的与众不同而带来的阻力都没有这么大。如果连讨论水平屋顶和波纹金属墙板的余地都没有，就更谈不上说服郊区的人们接受混合用途、混合收入的住宅以及公交系统了。

有些批评家认为这种做法是在取悦于人，并且暗示我们是在迎合一小部分人的需要。对于这些人，我们绝对爽快地承认——我们已经做好准备，在城市规划的圣坛上，如果确有必要，就让建筑做出牺牲。因为，如果没有好的城市设计，所有建筑都会失去意义。在 6 英亩（约 2.4 万平方米）的停车场后面，一个真正的悬臂梁和一个假的拱门同样不符合道德标准。

还有些批评家谴责对建筑风格制定法规，他们认为这样的法规独断专行，限制了建筑师本人的创造力[①]。这些批评家做了两个错误的假设。第一个假设是：每个独立的建筑都应该有机会也有责任成为一件艺术品。一件惹眼的非凡艺术品，会充分展现出时代精神和艺术家的技艺。诚然，大多数伟大的城市都有这种独特的、富有 表现力的公共建筑，但是在它们的周围，却都是千篇一律、平淡无奇的私人建筑。如果每个建筑都大张旗鼓地自我标榜，就像一片不和谐的音调齐奏，结果是让人什么也听不出来。第二个错误假设是，如果没有简化组设计的限制，大地上就会出现充满建筑的和谐景观，而那些建筑都像是出自 Richard Meier 或 Frank Gehry 之手。不知何故，在学校和杂志的远景图片上，被人们默认的不受限制的建筑好像总是现代主义风格的。如果真是这样就好了，因为被美国默认的建筑并不是现代主义，而是庸俗主义。要是对此说法表示怀疑，您只需看一看建筑杂志上夹在那些展示的精品作品之间的、充斥整本杂志的大量广告就明白了。

---

① 向我们抱怨滨海新城（Seaside）的那些同事，通常有两条批评意见。第一就是建筑法规的限制；第二就是那里数量可观、装饰过头的"姜饼"状的度假小屋。事实上，那些姜饼屋的风格并不是法规的要求（法规要求的是中性风格），而是因为法规没能克服美国购房者对传统情趣的钟爱，我的同事们得知这一点后都感到非常惊奇。因此，要想消除这种可恨的传统建筑，唯一办法就是更严格地执行这个可恨的法规。

虽然如此，传统的城市规划与现代主义建筑之间也并非无法调和，应该说是远非如此：当现代主义建筑出现在传统城市街道两侧时，它们无论在用途上还是外观上都有超凡的表现。例如迈阿密南海滩、罗马的博览会新城、以色列的特拉维夫等，这些真正伟大的地方主要都是由建在传统街道网络中的现代建筑组成。这些地方既没有受到现代主义建筑语言的困扰，也没有由于邻里社区在真正的城市结构中融合了不同时代的建筑而带来负面影响。这就是传统街道的力量。

南海滩：在传统城市的格局中，现代建筑大放异彩。

我们期待着这一天的到来：美国的设计师能够像运用现代主义建筑语言来阐释传统建筑那样，对蔓延相关的问题做出有效的处理，其实欧洲国家已经在这样做了。我们希望到那一天，那些宁愿抵制风格也不愿面对更大社会问题的建筑师们最终能够认识到，他们所关注的事情与我们目前的城市危机毫无关系。

给建筑师的提示

如果风格强迫正是困扰建筑设计行业的唯一问题的话，我们倒是可以安心了，遗憾的是，很多最精明的建筑师们还在经受着一种对已建成的环境质量构成同等威胁的抑郁折磨。这种病症大概可以叫作国际异化综合征。

过去的 50 年见证了美国建筑设计业在实用性与影响力方面的衰落。虽然在过去的大型项目设计中，建筑师常常是设计团队的领军人物，但他们现在更可能担当的角色是总承包商下面的诸多助理顾问中的一员，常常只能为别人的设计概念添加一些装饰而已。现在，越来越多的工程项目几乎是在没有建筑师参与的情况下完成，尤其突出的是郊区开发项目。

为了减少日益增长的卑微感，有些建筑师试图通过一些可以称之为神秘主义的东西来重获权利感。通过引入其他不相关学科的神秘理念，譬如法国现代文学理论（现在已经过时了），也通过发展难以辨认的表达方式，以及用生僻晦涩的语言包装他们的作品，设计者们正在创造一个日渐缩小的交际圈，目的是使自己在其间占据一席之地，并拥有一定的控制权。这种危机在那些久负盛名的建筑学院体现得尤其明显。

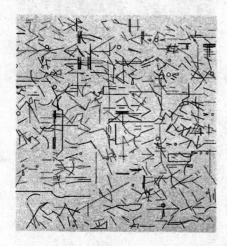

来自于建筑院校的典型绘图：不知何故，与建筑行为关联暧昧（我们假设如此）。

为了帮助理解这一问题，您只需翻阅任何一所领军学院设计室的出版物。读者可能在浏览了一打工程项目之后才能发现一个勉强能辨认得出来的建筑物。如果您还持有怀疑，那么这里还有一个摘自常春藤联盟的设计刊物的典型章节，它对独立住宅规划设计的描述如下。

这种扭曲变形引发了基于一些虚拟结构的解读，该结构赋予建筑如文章一般的结构，并呼唤着进一步的阐释。这些结构在它们的隐喻与烙有这些隐喻的混凝土形态的冲突之中，持续不断地被激励、被打败。它们指的是建筑大概会与之类似或相反的、理想的或真实的物体、组织、过程与历史①。

该文的作者是一位颇受尊敬的、担任一、二年级研究生导师的教授。无需借助相关案例的展示，我们也能很清楚地看出：向神秘主义的趋近，只能促使该行业日益丧失实用性。

此外，在学术上坚定地推崇解构主义（不是其风格而是其哲学），加之它对客观性的怀疑，都会将学生们立刻推向虚无主义和无作为状态，因为它没有明确的对与错的界定，因此也就没有可信赖的设计原则。在设计室里，一个破坏性的方法常常会成为糟糕推理的借口，而一个精心构建的论点却往往招致怀疑的目光②。时至今天，解构主义仍然能为建筑师带来优越感，它使他们感到自己没有得到更多重视是因为这个社会还不够聪明，因此，解构主义依然流行。

虽然向整个社会发起挑战有时会给建筑师们带来不愉快的提醒——他们的力量十分有限，但这是他们可以增强自己力量的唯一道路。建筑师作为解决世界最广泛问题的专业人群之一，他们再次献身于社区建设，不管这些社区看上去是否需要他们。那些为数不多的矢志不渝地为公众利益而奋斗的建筑师们，一定会坚信这是一个有意义的尝试。

---

① [《哈佛大学设计学院研究生院新闻（*Harvard Graduate School of Design News*），冬/春学期，1993 年，13 期] 凭心而论，研究生院必须承认他们也很清楚自己的神经官能症。哈佛建筑项目主席 Jorge Silvetti 写道："……我们正在变得越来越像炼丹术士或魔术师了"——每个项目都成了对万灵仙丹的神秘搜寻，或者魔法授力的巫毒术行为。（Jorge Silvetti, "The Symptoms of Malaise", 108 页）

② 无需多说，在这样一个以理智限制的环境中，传统邻里社区的设计概念被冠以黑白太过分明、太亲商业、在很大程度上太过传统等过错，而干脆不予考虑。这些学院倡导传统邻里社区设计的学生们，以他们自己的话说，通常是被看作校园里杰出的书呆子。

第十一章
我们该做些什么

成功的秘密

政策的作用

自治市、县、区域、州和联邦政府各级公务员的职责

建筑师的使命

市民的义务　纸上谈兵的城市规划专家

在一个倡导生态观念的时代，市民的勇气不仅体现在要求社会公平，而且还体现在要求正确的审美观和鉴赏力，支持公共场所的美化，并敢于对此仗义执言。

——James Hillman 和 Michael Ventura

《在我们拥有心理治疗的一百年间，世界正变得更糟》（1993）

（We've Had a Hundred Years of Psychotherapy and the world's Getting Worse）

成功的秘密

在与蔓延所进行的艰难的抗争中，有许多值得我们骄傲的成功之处。联邦政府和地方市民团体在大力倡导"精明成长"。建筑师在制订方便行人、以公交为导向的社区规划。交通工程师正在重新编写曾一度颇具破坏性的标准。而规划师也正在摒弃那些会导致蔓延产生的土地使用规则。经济学家们正在试图明确郊区生长的真正代价，同时也在记录采用传统模式设计的新兴社区在经济上的成功。新一代的地产开发商正不断地涌现出来，他们致力于建设真正的邻里社区而非孤立的建筑。环境保护主义者正在倡导旨在保护自然环境的高密度的城市"内填"项目（urban infill）[①]。市长和其他民选的政府官员们也正在身先士卒的为社区复兴而努力。在民众的强烈支持之下，美国的总统和州长竞选人首次将反对蔓延的字句放在了他们的竞选政纲的显著位置。一个被称之为"新都市主义协会"（Congress for the New Urbanism）的国际性机构，现在已经有一千多名成员，正在为消灭蔓延而努力地工作着（大会章程详见附录 B）。

但是，仅有以上这些行动还不够。人们常对我们说"我们赢了"，但似乎没有人告诉过地产开发商这些话。虽然邻里社区比蔓延更受欢迎已成为人们的广泛共识，但每天仍有若干新的居住区（housing subdivision）、购物中心和办公园区在破土动工。很明显，如果我们要尽快阻止蔓延的话，还需要采取更多的措施才行。

在本书即将结束时，我们把最后一章作为终止蔓延的动员令和简要的入门介绍。我们首先要指出的是，处理好与自然环境的关系基本上只有三种工具：设计、政策和管理。至关重要的是，人们必须知道使用哪种工具会产生什么样的结果。

---

① urban infill 指提高城市市区原有规划的密度，对以前余下的尚未开发的土地或废弃和老旧的建筑进行重新开发和改造。——译者

譬如犯罪，就是一个对这三种工具都会作出回应的城市问题。设计：公共空间的组织应使其易于被周围建筑物里的人们监控，从而消灭可能隐藏袭击者的暗角，并可通过使用美观耐用的材料来展示对市民的关爱。政策：分区法规可以要求建筑物将入口和窗户开向公共空间，从而使这些公共空间更具活力，并易于管理。管理：社区巡警通过步行或骑自行车值勤，可以更好地掌握社区居民和来访者的情况，并逐渐增进与社区青少年之间的良好关系。

　　本书阐明了许多不同的设计方法，这些方法既可以创造一个社区，也可以毁掉一个社区。我们的城镇规划实践正是建立在对这些设计方法的理解之上的，但我们也渐渐开始明白，仅仅依靠这些设计方法是不够的。只有在政策、管理和设计协同作用的状况下，才会产生理想的结果。但有时，这三者间的相互作用，也会产生负面效果。

　　例如：你所居住的街道上满是垃圾，这个问题不是设计问题，而是管理问题，属于当地政府的职责范围。然而，如果人们在这条街上超速行驶，那问题就复杂了。导致这种状况的最大可能就是因为路面设计得太宽。道路宽度的确定可能是依据当地政府制定的标准，而这些标准又可能是依据县或州已预先制定的标准，而县或州的标准又可能是参照了全国工会预先制定的标准。我们在试图减少戴德县（Dade County）的超速现象时，不断受到来自超宽路面设计标准的困扰，这个标准是根据消防车的操作要求来制订的，而这种消防车对于当地低矮的乡村建筑来说，根本就是大材小用。当我们询问该县为什么不购买适合当地社区的较小型的消防设备时，得到的解释是，消防员工会对消防车的大小并没有要求，但规定了每辆消防车必须配备的消防员的最低数目。基于这样的要求，该县的消防局局长很久以前就决定，只有购买最大型的消防车才能最大限度地发挥人力资源的效益。这一系列迂回的事件，以及消防员希望自己的工作有所保障，从而导致了该县社区街道上超速行驶现象的发生。

　　自然环境的恶化常常是各种复杂因素相互作用而造成的意想不到的后果。要改变这种状况不仅需时很长，而且代价沉重①。在这些情况下，我们必须牢记，我们手中有设计、政策和管理这三件工具，它们都可以为我们所用。作为设计师，我们有时会忘记，要实现持续性改变的最佳方法往往是制定并执行一些政策，而不是去做出一些难以执行的好方案。

政策的作用

从地方土地区划法规到联邦政府的汽车补贴，过分的政府监管已经被证明会对社区产生意想不到的破坏作用。既然政府的政策对造成今天的局面起着主导的作用，那它也能在很大程度上协助我们完成社区的振兴。

下列政策提议要求各级政府对社区的发展矢志不渝。促进社区的发展，似乎成了公共部门、特别是地方政府责无旁贷的责任。 然而，当它与美国人的个人自由主义正面冲突的时候，这个问题就变得非常棘手了。因为人们相信，在他们自己的土地为所欲为是他们的权利。

在这方面，我们必须回到第一个问题，即政治观点：政府的职责是提倡个人权利的同时保护公共利益呢，还是提倡公共利益的同时保护个人权利？对于我们这些主张社区建设的人来说，政府对第一个观点的青睐由来已久，现在是纠正这一做法的时候了。受美国公众委托来建设他们社区的地产开发商们，只会执行政府所制定的规章制度。如果公共部门不能有远见、有魄力地积极参与到社区建设

---

① 我们"高度进化"（highly evolved）的监管体系中，这一过程就像《常识的死亡》（*The Death of Common Sense*） 一书所述的那样，大多数纠纷通常是通过昂贵的诉讼来解决的。鉴于这种情况，在过去的几年中，出现了一些非营利的组织，如"国家资源保护委员会"（National Resources Defense Council）"环境保护基金会"（Environmental Defense Fund）"拉尔夫·纳德公众组织"（Ralph Nader's Public Citizen），它们能够利用法律手段来解决用其他方法解决不了的问题。然而迄今为止，还没有为建成环境代言的类似机构。但其他组织在成功处理大气污染和政府过失等问题上所采用的高超的司法策略，同样可以为关心城市的积极分子们所用。非常时期要用非常手段。因此，积极分子们应该勇于利用各种措施来保护城市的环境。

中来，那么这些地产开发商的行为就只可能是自私自利、杂乱无章的。

这种状况也许看起来是不可避免的，但在 20 世纪初的 25 年里，有许多范例可供我们借鉴。城市美化运动是一个重建和新建城市的时期，在地方及联邦政府的积极倡导下，市民自豪感、城市环境美观和社区建设已成为人们广泛认同的城市发展目标。当然，随着时代的进步，许多情况已经发生了变化——新的交通和通信技术的发展、巨大的社会变迁以及市场的全球化。但是，如果我们的政府能够认识到所有这些变化都只是强化了人们对宜居社区的需求，那他们就可以把工作做好。

这不仅仅是美学问题。建设健康的社区和城市是一个关乎社会、经济和环境健康的大问题，它决定着我们生活的质量，并进一步决定着美国在全球市场上的竞争力。我们看到许多国家善于借鉴过去成功和失败的经验来建设城市，这样的做法与美国形成鲜明对比，我们不能不得出这样的结论：美国将很快发现自己在与欧洲国家的竞争中处于劣势。政府拒绝更积极地参与社区的建设，而是草率地将这一任务交给注定会失败的地产开发商，面对这样的情形，我们却只能无奈的观望[1]。

对于越来越多同样失望但仍希望改变现状的公务员，我们有如下的政策建议。

---

[1] 只需一个简短的说明，就可以显示为什么人们无法相信私人企业能够让建设的地方产生永久的价值。任何一个受过商业训练的人都知道，企业是通过计算"资本成本"来进行投资决策的。资本成本，狭义地说就是资金在借贷时的利率，但也可以更精确地描述为一定数额的资金，如果投资在别的地方可能获得的收益。对于大多数成功的企业来说，这个资本成本要大大超过 10%，而在高风险的房地产领域，它常常会超过 20%。在尝试投资的时候，企业都会设计一个成本与收益的财务试算表，在该试算表里所有将来的收入都以贴现率进行计算明年 1 美元的收入，今年只值大约数美分，因为它可能已经以 10% 的利率在别的地方进行投资。这秤计算方法对长期价值的作用很直接：按 10% 的贴现率，10 年后挣的 1 美元，现在只值 35 美分。而 20 年后的 1 美元，现在只值 12 美分。一个精明的投资者知道，如果投资一个新的建筑或公共场所，30 年后从那个建筑所获得的任何收益基本上在现在是一文不值的。因此，如果选择投入额外的资金去建设一个持久的建筑，那么对于开发商来说，这并不是一个明智的商业决策，而且毫不夸张地说，这样做也伤害了公司员工和股东的权益。基于这些情况，如果我们还把社区的建设委托给主要以赚钱为目的的私人企业，那简直就是胡闹。

应该明确的一点是，这些建议的目的不是要扩大政府的规模，而是要改变它对于已建成环境的影响。这些政策建议是自下而上、由地方到联邦政府而形成的。

自治县和县政府

把社区的设计重新列入议事日程。那些当选的领导人，如果想为人们留下一个值得关爱的地方，就必须把设计列入他们公共事务的议事日程。人们很难意识到我们周边的自然环境对日常生活有多么深刻的影响。通常总是到了愤怒的市民对于某个错误的，或者即将要出错的问题进行强烈抗议的时候，社区建设的具体设计才浮出水面，呈现在人们面前，而这时的错误总让人觉得是天意弄人。蔓延是一种慢性的城市疾病，以至于人们已经逐渐习惯和它共存，而且，人们对它的抨击也仅限于那些表面的症状，而非更深层的病因。

这些病因可以追溯到一些规章制度，因为在制定这些条例时，人们对蔓延可能造成的实质后果还知之甚少。这些规章只是印在纸上的文字和数字，在执行时并没有相应的图示和直观的模型作为指引。因此，其结果常常令人惊愕。与文字和数字不同，图示是人们能够进行比较和判断的东西。当生活品质成为全民关注的要点时，设计作为决策和创造价值的工具就变得更有用了。为了使政策在制定时得到充分讨论，之后才得以有效执行，我们在制定对自然环境会产生影响的政策之前，一定要采取明确的可视化模拟来进行评估。

重新制定规章制度。要使我们的社区从蔓延中复兴，它需要新的规章制度和一个有效的监管环境。现有的土地区划法规通常是过时的，也太复杂，而且很容易受到官商勾结的左右，常常失去人们的信任，但却很少被废除。这些条例的缺陷数不胜数，粗略一读就会发现很多问题，这里就不再一一列举。大多数条例需要重新修正，只是为传统社区的发展敞开了大门。新的规章制度的制定，除了保障传统社区的建设以外，还必须通过在现有社区建设谐调的建筑来保持历史地段的特色。这与当今大多数历史街区的实践截然不同，现代建筑法规迫使新的建筑采取与其相邻的历史建筑完全不同的形式来建造①。

针对这些问题，我们编写了"传统社区开发条例"（Traditional Neighborhood Development Ordinance），它是一个参考了美国早期城市、城镇和乡村的成功经验，为人们提供另一种选择的土地区划法规。该条例可以取代现有的土地利用法规②，也可以作为它的替代方案。如果能够彻底取代原有的法规当然是最可取的，但是把它作为替代方案在政治上更为可行。"传统社区开发条例"简洁地阐述了建造真正的社区最根本的标准。这个法规可以分为两部分：一是针对现有社区的城市"内填"项目（Urban Infill），二是零起点开发项目（Greenfield Development）。无论哪种情况，新的生长都是以人们钟爱的传统模式为蓝本来进行的。

"传统社区开发条例"并不是土地区划法规的唯一替代选择。其他类似的法规包括"萨克拉门托县的公交导向发展条例"（Sacramento County's Transit Oriented Development Ordinance）"帕萨迪纳市的花园城市法规"（Pasadena's City of Gardens Code）以及"弗吉尼亚州鲁冬县的农村条例"（Loudon County, Virginia's Rural Village Ordinance）。目前，根据本地情况制定了"传统社区开发条例"的自治市包括迈阿密州的达德县、奥兰多、哥伦布、圣达菲以及奥斯汀。这些条例显示了"传统社区开发条例"在不同地区的广泛适用性。

---

① 两者中的任何一个原因，一般都会导致物业价值的下降。要么，新建筑与周边建筑格格不入，从而造成一种不连贯的街景；要么，这个建筑创造出一个新的标准，与此标准相比较，老的社区显得相形见绌。现代建筑法规的破坏性也体现在它使历史文化建筑的翻新工程变得极为昂贵，一个典型的例子就是那些位于洛杉矶百老汇大街的装饰派艺术剧院上的办公大楼依然闲置着。在现有条例的规定下，重新迁入这些建筑物从经济上根本负担不起。如果自治市政府真的想支持历史文化的保护，他们（和州政府）必须对旧建筑实行比较宽松的法规标准。

② "传统社区开发条例"（Traditional Neighborhood Development Ordinance）最初是我们于1988年与白山勘测有限公司的工程师 Rick Chellman 为新布什尔州（New Hampshire）的贝德福德（Bedford）的一个项目而制定的。Chellman 先生，随后成了交通工程师学会在传统社区街道设计方面的权威人士。

幸运的话，"传统社区开发条例"和其他类似法规在不久的将来将对美国城市（镇）的形态产生巨大的影响。很多令人失望的社区形态的产生，可归咎于20世纪60年代深受"蔓延"思想影响的土地区划法规的广泛施行。如果新的条例也能同样有效地施行，那么，也许有一天传统的城市主义可以压倒蔓延。

一个警告：经验表明试图修改土地区划法规是一个错误的做法。草率地将一般文字和数字形式的条例增加和删减内容，并转化成一个基于实体形态的新条例，这样只会比原来更加混淆，也更难以施行。

在大多数的自治市，彻底修订一个开发法规的最佳办法就是从零开始，就事情本身来说，这样做并不难。然而，问题不在于出台新的条例，而是废除旧的法规。因为土地区划法规在决定私人物业的价值方面作用巨大，以至于对现状的任何改变都会产生深远的经济影响。甚至术语上的一个微小的改动，都可以使大地主们赚进或损失数百万美元。这些地主有很深的政治背景，他们可以立即停止这种改变。更糟糕的是，他们会起诉此事，而且他们会赢。近来法院已裁定，对于土地利用法规的变更造成损失的，支持地产开发商对此要求赔偿。因此，当提出新的法规作为可供选择的条例时，最明智的做法就是不要去触碰旧的法规。尽管新法规不是强制性的，但人们可以通过快速的审批程序使其变得有吸引力。正像在第九章中讨论的那样，其结果是在监管环境下，根据社区原则设计的项目将会更容易、更快速地得到审批。因此，从银行贷款利息的角度来看，这样的项目比常规建设项目更节约资金。对于对时间非常敏感的地产开发行业而言，这样的方法可能会极其有效。

政府的积极参与。地方的规划部门必须得到鼓励和授权来先于私营机构提出开发模式的建议。"这也叫设计？"这是人们对于一个新的、似乎是随意建造的项目的常见反应。没什么值得惊讶的。大多数自治市的城市规划者完全是条件反射式的对待城市开发。通常，他们唯一所做的就是解释法规。有些人甚至会争辩说，在哪里建什么应该完全由市场决定。规划只能做到这一步。即使政府人员有热情、有能力来进行设计，他们也很少有权制定城市变革的规划。鉴于这些限制，政府又怎么去鼓励开发和改善有凝聚力的社区呢？大概最好的解决办法就是委托制定一个专业的公共规划，然后对执行该规划的私营企业进行奖励。这种做法与此前提到的快速审批程序配合使用效果更好。

公营机构应该在规划和开发会议中心、体育馆和活动场所等公共福利设施方面起带头作用。当私营企业提议建造这些场所时，除了大的企业赞助商外，很少有人能从中获利。一个理想的开发范例是位于巴尔的摩商业中心区的坎登亚兹棒球场（Camden Yard baseball park）。这个棒球场是在政府的指导下建成的，对所有的市民开放，成了市民们引以为荣的地方。再举一个反例，迈阿密郊区的职业球员体育场（Pro Player Stadium）是一个由私营机构开发的体育设施。它建在远离公共交通的廉价的土地上，而且还侵入了既有的居住社区。虽然用纳税人的钱修建了公路，试图弥补体育场地处偏远的缺陷，但它对于许多体育爱好者来说还是遥不可及，而且对增加城市活力毫无益处。

放眼全球，立足地方，规划区域。地方自治市政府必须明白只有在区域的层面上进行规划才真正有意义。这种明确的观点与其说是来源于帮助社区建设的愿望，不如说是更多地源自简单的自我保护意识，因为不只一个社区亲历过自己的规划遭到另一个临近城镇的规划行为的破坏。譬如，管制街道以形成单循环线来解决交通问题也许只是权宜之计，如果交通危机已成为区域性的问题，那么，只有在周边社区都做同样努力的情况下，交通问题才能得到有效的解决。在确定地方规划时，自治市政府必须考虑到该规划对整个区域的影响。而真正想主宰自己未来的社区，还会采取进一步的行动，那就是倡议建立区域性的规划机构。

公众参与规划。尽管在一些官员看来市民参与规划是一件可怕的事情，但这一公众参与的过程已被证明是避免错误的最有效的方法。在旧金山、印第安纳波利斯以及许多其他城市，我们看到这种公众参与过程重新唤醒了市民的责任感和积极性。西棕榈滩的居民们正积极自愿地参与到制定城市总体规划的讨论会中，并监督建设项目必须遵照规划的指导原则。真正的市民参与规划不应只是偶尔作秀式的公众参与，或者与法律规定的公众听证会混淆起来。相反，它应该包括社区设计讨论会、居民咨询委员会、经常性的媒体报道以及持续进行的意见反馈程序。

　　然而，尽管很痛苦，但我们必须要承认一个事实，公共参与并不能保证产生最佳的结果。事实上，在某些特定的议题上，如公交系统、人口密度、经济适用房以及为特殊人群建造的设施等方面，公众参与似乎会导致错误的结果。出于一己之私，社区的居民们通常会反对在该地建设"Lulu"（不符合当地人意愿的土地用途）①，即使这些设施的选址已经综合考虑了区域、社会、甚至道德等多方面的综合因素。人们也许会因此假定，正是因为区域层面的规划没有公众参与，才会导致这些项目经常成功地被当地居民抵制。

真正的公众参与：一个公共的设计讨论会使规划过程公开化。

　　在缺乏具有真正代表性的公众参与的情况下，决策者就必须依赖一些公共参与之外的事物来行事，这些事物或许可以被称作"原则"。譬如，经济适用房必须公平地分配，无家可归者的临时收容所必须建设在方便到达的地方，公交系统必须通达性高，环境必须得到保护。本书已经就当中的许多原则进行过概述，我们希望这些原则能够成为人们在代表公共利益而做出艰难决策时的依据②。

---

① Lulu 是 Locally Undesirable Land Use 的缩写。——译者

② 遗憾的是，原则常常在民主的名义下被人们遗忘。1996 年，在麦迪逊举行的表彰城市规划师约翰·诺兰（John Nolan）的集会上，我们收到了一个描述该市正在进行的区域规划的传单。该传单列出了十种解决麦迪逊早期的城市蔓延问题的方法，却没有具体地说明如何去解决。即使其中的三种方法其实是更大程度的蔓延，它仍然声称所有的方法都同样可取。不出所料，因为忽略了规划决策的艰难，这些发起这一规划程序的市民最终都对此非常恼怒，该规划注定走向失败。由于规划的公共性，它大概是唯一的一个行业——其从业者认为必须不惜一切代价去取悦每一个人。

以身作则。任何一级政府的公务员都可以从重新审视他们办公大楼的选址和设计开始，来展开同蔓延的斗争。为了树立一个良好的榜样，也为了避免伤害现有的社区，政府必须避免重蹈过去几十年的覆辙。不要舍弃市中心而去城市边缘地区办公。不要把办公楼建在远离便捷的公共交通的地方。不要抛弃具有历史意义的建筑。不要把政府的各个职能部门都集中在一起办公，因为分散的政府职能部门可以使很多主街充满活力。不要把建筑物建在停车场的后面，而将光秃的外墙面向街道。从邮局到五角大楼，沿街的每一个政府大楼都有机会、也有责任使它所处的社区变得更好。

区域政府

区域规划面临的最大挑战是缺乏相应的区域管理机构，我们的城市很少有与大都市的管辖范围相称的管理机构。建立这样的机构可能会很困难，因为它会使政府有限的财政收入更加捉襟见肘。然而区域管理机构一旦建立，它的使命将会非常明确。那些只有在区域层面上才能有效处理的问题，如交通运输、环境质量、水和废物处理、社会服务、经济适用房、经济发展、高等教育等，都必须得到综合的评估，从而使任何一个城市（镇）都不必再单独去面对这些问题，或者为此而相互争斗。单个问题必须纳入综合考虑了一系列明确目标的区域规划之下才能得到有效的解决。

区域规划应该为社区，尤其是靠近公交站点的地区的开发和再开发制定详细的实质性的规划。仅仅在土地区划中把这些地区的密度规划得很高，并不能给予早期投资者足够的信心，也不能确保一个步行优先的环境以支持公交的发展。最有效的规划方案要设计得非常精确，它只留下建筑设计的细节部分来供未来的设计师们发挥。这样的规划的制定必须通过周边社区的领导人和居民的广泛参与才能完成①。

与现在的观点相反，区域规划并不是非美国模式的。在美国的历史上充满了这种区域规划的成功案例，我们至今仍在享受着像阿巴拉契亚小径（Appalachian Trail）这样的成果。即使是为华盛顿特区制定的郎方规划（the L'Enfant plan for Washington，D.C.），其 50 平方英里（约 129.5 平方千米）的规划面积，涵盖了若干既有城镇和相当一部分的波托马克生态体系（the Potomac ecosystem），根据当时的标准，也应该被认定是一个区域规划。今天，波特兰、西雅图、圣地亚哥以及其他城市都在展开区域规划的工作，这些努力不仅得到了公众的支持，而且也使区域规划不断地推广开去。

即使只是为了经济的原因，关心都市未来的人们也会为建立大都市的规划机构而不遗余力地努力。因为工作——尤其是待遇丰厚的工作越来越不局限于特定的地方，各种人才将逐渐从那些缺乏健全的区域组织的城市，流向那些能够给他们提供更短的通勤路程、清新的空气以及更易于接近自然和文化的城市。

州政府

由于缺乏区域政府，城市一般依赖州政府的领导来处理区域性的问题。因此，州一级的立法部门必须努力制定能有效地完成区域规划的法规。要做到这一点，可以通过两个途径：要么制订新的生长管理法，要么修改现行法律和资金的运作手段②。马里兰州近来通过谨慎地分配基础设施拨款的方式，来致力于城市精明生

---

① 这种现象已经发生。最初的土地区划旨在提升公交站点附近地区的密度，这种做法除了助长房地产市场的投机行为以外，其他收效甚微。而其后由当地相关利益群体发起的新一轮针对闲置地段的公交导向的再开发规划，看起来正在向成功的方向迈进。

② 的确，与蔓延没有关系的新法律也可以鼓励城市的健康发展。例如，任何向自治市提供州（或联邦）拨款的项目，都可以将拨款和精明生长的标准联系在一起。这与约翰逊总统通过老年医疗保险来消除南部各州种族隔离制度的做法异曲同工，那些只准白人进入的医疗机构将不能获得联邦的医疗保险资助。

长策略的实施。佛罗里达州和新泽 西州则通过了自上而下的生长管理法。乔治亚州、佛蒙特州、 缅因州、俄勒冈州以及华盛顿州也都在通过各种各样较为迂回的方式对抗蔓延。

新泽西州富有远见的法规，为从乡村的保护到都市的再发展等全套开发模式，确立了一个明确的目标。如果说制定这个法规后还有什么缺陷的话，那就是它还缺少一个强有力的审查法规执行情况的程序。这个程序正是佛罗里达州的生长管理法规的强项。相反，佛罗里达州的法规缺少新泽西州法规的远见。经过一段时间，这些与蔓延抗争的开拓者的成败将向其他州表明哪个模式值得效仿。最有前途的解决方法 可能是新泽西州最近倡导的"严厉的爱"（tough love）的激励项目，该项目规定，城市（镇）要想得到州政府在基础设施和教育上的拨款，就必须实行精明生长的措施。这种项目的成功取决于强有力的州长的持续领导，以使州政府的每个职能部门都能协调一致地参与其中。

真正希望控制蔓延的州，也必须把区域规划和交通运输规划整合在一起执行。多数现有的大都市规划机构都名不副实，因为它们只负责交通运输的规划方案。各个州的交通部门往往只是问题的一部分，因为它们在很大程度上忽略了交通运输系统和土地使用模式间的相互关系。州交通部门的规划师们在试图减少交通拥堵时，按惯例委托规划新的道路，从而将人口进一步分散，其结果只能使交通状况更加恶化。由于错误地将流动性等同于可达性，将精力完全集中于汽车在社区中的通行能力的做法损害了新、老社区的活力。其结果是社区缺乏吸引人的景观环境，而这一点已经被翔实地记录下来了。佛罗里达州已经开始采取措施来处理这一问题，州政府拒绝为任何单向设有三个以上非共乘车道的新高速公路的建设提供资金。这就迫使像迈阿密这样交通拥堵的城市，将一些交通建设资金转投向公共交通系统。

各州的交通部门如果想在创建健康社区中发挥作用，就必须把交通运输政策看作区域土地利用规划的一个组成部分，而不是只把它当作财政拨款即能解决的独立问题。他们也许应该学会通过估算这样的政策需要花费多少钱来评估其政策的有效性，而不是看其能够得到多少联邦高速公路的拨款。在教育和治安方面，投入更多的资金可以收到更好的成效，但高速公路建设与它们不同，持续的建设投资只会使交通状况更加恶化。而对公共交通建设的追加投资，不但可以缓解交通问题，而且还可以像第五章所述的那样，创造数量惊人的就业机会。但是，即使越来越多的州都开始致力于发展公共交通，仅仅这样还是不够的，政府需要在火车站这样的地区进行高密度、步行优先的综合发展规划。在这方面，波特兰和圣地亚哥正在进行一个州与州之间的合作项目，该项目值得成为全国的典范。

当然，如果各个州的交通部门不能进行改革，那么至少可以否决他们的决议。这是乔治亚州州长罗依·巴恩斯（Roy Barnes）的建议，他设立的区域交通机构管辖乔治亚州的交通部门。该州的交通部门未能使亚特兰大遵守"联邦净化空气法案"（Federal Clean Air Act），从而使乔治亚州失去了可能获得数百万联邦拨款的机会。显然，这让罗依·巴恩斯失去了对该州交通部门的信心。新机构最有意义的一项任务就是为亚特兰大北部郊区规划一条新的轻轨铁路。[1]

州政府也积极投资于经济适用房的建设，但很多时候，这类建设在"创建活力社区"的大目标之下很少得到关注。出于保护公款的良好用意，税务减免项目的执行标准与社区的创建产生了抵触。"快捷、安全、廉价"是以往建设高速公路工程的格言，它对高速公路建设的高效率的偏爱，远胜于对道路使用者需要的关注，其结果是成百上千的住宅根据通用规划被孤立地建设在远离商店、学校和公交线路的大片土地上。这种公式化的建设方式与所有建设成功社区的做法背道而驰，它迫使每个家庭都要拥有多部汽车，从而进一步增加了贫困家庭的负担。

我们必须把改造有麻烦的"工程项目"放在比建设新项目更优先的位置，也就是直接把资金投放到既有社区的内填住宅项目上。经济适用房的建设要以人们经济的负担程度为着眼点，在适宜的地方以适当的形式来建设，即使这样做会耗费更多的资金。尽管城市边缘地区的地价比较便宜，但那里却不能给居民提供便利的工作和服务条件。同样地，更便宜的"饼干盒子式住宅设计"（cookie-cutter housing designs）常常使城市内填项目无法实施，因为这样的住宅与周边社区格格不入。同时，大量建设廉价住房的财政指令造成了贫民区的形成。

州法律也负责制定地方物业税的征收规则，这些规则通常决定了私营机构可以怎样利用他们的不动产。在某个地区重新进行土地区划之后、而尚未开始重建之前，更高的物业税额常常使这里的原有居民被迫迁离，却鼓励了外来投资者进行物业投机，从而导致了历史建筑的毁坏。认识到这一问题之后，一些州已经制定了相关法律，允许城市（镇）给予历史建筑减免物业税的待遇，而其他一些州则允许市政当局对土地征收高于建筑物的"场地价值税"（site-value taxation），以阻止对历史建筑的毁坏和土地投机，并鼓励历史建筑一直保留下去。

最后一点，州政府需要制定教育政策，因此它必须了解，教育的目标、用校车送孩子们上学的成本以及社区设计的原则都支持同一个理念：小规模的学校会更好。那些只关注行政效率的目光短浅的人总是建议兴建规模更大的教学设施，而且，很多州也不合理地要求学校拥有超大规模的建设用地，其结果是，学校不仅没有成为社区的中心，反而将社区分隔开了①。最糟的是，这些规定甚至将郊区松散的建设格局强制实行于密度较大的市区，从而妨碍了新的市区学校的建设。这些规则必须改变。此外，新的房地产项目的开发应该被要求包括基于社区考虑的学校的建设，以便能让孩子们步行上下学。同样，任何新建的在全市范围内招生的学校都应选址于公共交通枢纽附近，以方便学生上下学。

总而言之，在区域规划的层面上，联邦政府无法具体控制，地方政府缺乏整体考虑，区域政府目前还寥寥无几，因此，州政府是最能推动区域规划的机构。无论是购买土地进行保护，还是确定城市建设范围，抑或是限制低密度开发，州政府在培养这方面的意识和保证精明生长方面的领导作用都是必不可少的。

---

① 超大规模的校址常常是由于要求兴建一层的建筑、巨大的停车场、未来可增建的灵活的教室以及多余的运动场所致。当按照这个模式进行建设时，学校就变成了"Lulu"（不符合当地人意愿的土地用途），不得不建在较偏远的地方，从而造成了严重的交通问题。

联邦政府

联邦政府机构最需要做的是承认我们存在的问题。经过 10 年的媒体报道——如新闻周刊、夜线新闻电视节目的报道以及地方事件的广泛流传——蔓延造成的恶果终于成为国家关注的焦点。1999 年，美国政府史无前例地开始反击蔓延。人们希望这不要变成党派间的问题，因为精明生长的倡导者们已经遍布各个政治派别。

国家急需制定与社区设计相关的政策。它必须与减少犯罪、卫生保健、家庭维系等一同被列入国家的议事日程。除了保持国家在全球市场的竞争力以外，社区健康的生长也关乎国家的利益。正如其代表国民来管理航空业和广播业一样，联邦政府应当倡导精明生长。联邦政府需要采取的措施显而易见。最好的办法就是将二战后那些把美国城市推向郊区的政策进行系统的逆转。首先，我们的政府应该通过增加对公共交通系统的拨款，来平衡它对汽车交通运输业补贴的做法。汽油税，无论多寡，都应该旨在让公共交通和高速公路同样受惠。毕竟，如果我们通过征收烟税来支付反吸烟广告的费用，我们当然可以通过征收汽油税来支付电车的营运费用[①]。而后，为了使公交系统真正地发挥作用，联邦政府应该通过投资标准来控制新建公交站点半英里范围内的城市设计。

税务和抵押贷款政策也必须进行修改，以使它们对改建项目和新建项目的支持一视同仁。联邦政府鼓励开发商在城市商业中心区进行开发的措施是必不可少的，但仅此而已还不够。这些鼓励措施还必须与别的辅助措施一并使用，才能行之有效。这些辅助措施将把现行行业里规定的对鼓励措施有不利影响的因素去除

---

① 现行的汽油税中，只有15%确实用于公交系统，15%仍然用于高速公路[《21世运输平等法案使用指南》（*Tea-21 User's Guide*），7页]。在美国，每年有5万至12.5万人由于呼吸被污染的空气而造成"额外的死亡"，而每加仑（3.79升）汽油就会把5.5磅（2.5千克）的碳排放到空气中，这和吸烟相比对空气的污染同样非常严重。[Andrew Kimbrell，"驶向生态灾难"（"Steering Toward Ecological Disaster"），35页；Bill Mckibben，《自然的终结》（*The End of Nature*），6页]

掉，比如对不符合土地使用用途的项目以及按照旧的法规建设的建筑拒绝给予贷款这样的消极因素，将会被取消。这些消极因素阻碍了小型企业向现有的社区投资，从而使它们成了贷款和保险承销业务制度化的受害者，因此需要得到特别的关注。

"社区再投资法案"（the Community Reinvestment Act）要求银行为社区改造项目进行投资，该法案现在正在发挥作用，并且必须得到延续和强化。这些针对社区而进行的联邦建设项目，如企业区（Enterprise Zones）和授权区（Empowerment Zones），必须得到有效的评估和改进。与其不断地引进新的（例如未经测试的）项目来制造巨大的政治影响，继任的行政当局倒不如继续执行有效的项目，并积极完善那些尚未完全发挥效力的项目。

与联邦政府对跨区域空气质量控制的政令类似，议会也必须制定相关政令来平衡教育系统的资源分配。归根结底，这或许才是市区能吸引不同收入阶层的家庭的关键因素。对于年轻的父母而言，选择哪里的新房最需要考虑的一个因素就是其周边有没有好的学校。如果市区内没有可以与郊区相媲美的学校，那市区将无法真正与郊区相竞争。

对于联邦交通部（Federal Department of Transportation）而言，这项使命非常明确。如果我们真的想控制蔓延，就必须承认依赖汽车来解决交通问题是不可能成功的，唯一的长久之计是依靠公共交通系统和协调土地利用。以资料记录翔实的亚特兰大为例，道路的建设除了延长了人们上下班通勤的时间外一无是处，每一英寸（约 2.54 厘米）道路的铺设都必须详加审查，以判断它是否会助长蔓延的程度[1]。

---

① 交通部（D.O.T）也必须重新考虑它目前给公交系统提供资金的方式，因为现行的方式对其帮助建立的公交系统没有多大助益。火车、电车和高速公路是完全不同的概念，因为它们需要司机、管理人员，而且要经常地进行调整和更换。对于很多城市来说，接受一个新的公交系统而没有运转预算，就像接受圣诞节玩具而没有电池一样。这种情况是有问题的，因为当地居民通常会投票否决公共交通系统的预算，而对于没有投票权的穷人来说，这是他们唯一的交通运输方式。由于在地方层面很容易做出目光短浅的决策，因此，联邦政府应该像支持联邦航空局（FAA）那样为公共交通系统的运作提供专项资金。

最后，联邦政府需要更好地协调不同方面的政策，如经济适用房条款、企业协助、创造就业和社会服务等。为了发挥最大的效能，这些政策必须一起关注一些特定的地方，由国家来发起，再由地方因地制宜地进行建设。这些政策中的每一项都只是强调社区生活的一个方面，因此它们必须被通盘考虑、整体应用。住房和城市发展部（HUD）开始强调社区的设计，而不只是住宅的建设，这是朝着正确的方向迈出了一大步。

在各个层面上，这些政策建议都着眼于为私营机构在新建和重建社区的举措提供公营机构的支持。几十年的实践表明，政府的这些政策与其说是致力于建设社区，倒不如说是构建商业。因此，我们有很多东西要去改变。虽然房地产业的形势令人鼓舞，但要保持持久的成果，就必须全面修订政府的政策。此事无关更多的相关政府部门，而是需要更明智的政府，最终使其政策能够影响市场。这种影响必须是有意识地支持社区建设，而不是漫不经心地去破坏它。

建筑师的使命

很多不同的行业都助长了蔓延的形成，因此他们都需要改变。我们并不回避对规划师、交通工程师和土地利用代理人（land-use attorneys）的批评，这些执业者的工作应该受到更严格的监督。作为建筑师，我们最有资格讨论我们的职业所造成的负面影响。这可能让很多人出乎意料，因为建筑师们从来没有把自己的丑事宣扬出去的习惯。

前几章已经详述了建筑师可能用来对抗蔓延的一些方法。但其实最重要的一点是，建筑师的确能够真正发挥决定性的作用。在这种情况下，要想发挥作用就要让建筑师接受一个提议，这个提议可能与他们在学校的所学背道而驰，即设计影响行为（design affects behavior）。

就这种不言而喻的问题进行辩论，看来可能很愚蠢。然而，由于某些原因，它依然是建筑学院里一个被激烈争论的话题。针对应该不是问题的问题的持续讨论，也许是因为把它与另一个更深奥的问题混为一谈。这个问题就是：环境的设计是否会影响人类的本性。虽然人们很容易对这个问题产生强烈的反应，但其实并没有必要回答它；人类的本性并不是这里要讨论的问题，我们需要了解的是人类是否会在不同的自然环境中有不同的表现。对于我们，这个问题的答案非常明确，就像锁上门能否把人拒之门外，或者创造一个周围空无一物的环境，人们是否会开车等问题一样。很明显，不能步行的街道会阻碍人的交往，这比告诉人们门廊能促进人的交往更容易被人接受[①]。

这类事件的发生有着复杂的、令人痛心的历史背景。它的发展回应了高傲自大的现代主义，而现代主义思潮则是绝对相信设计的力量是有益的。受到启蒙主义（Enlightenment）未能实现的乌托邦思想的鼓舞，早期现代主义建筑师相信他们掌握了解决社会问题的方法。通过应用心理学和社会学早期的准科学理论，建筑师们创造了建筑和城市的新的形式。他们相信生活在这类建筑和城市中的居民将变成最乐善好施的人。实际上，这些新的形式在诸如普鲁依特依哥（Pruitt Igoe）和卡布里奇格林（Cabrini Green）等这些地方都进行过实践，其结果是灾难性的：整个项目最终被放弃和拆毁。因为当项目建成后，在这些地方立即出现的反社会行为完全出乎人们的意料。

当我们在建筑学院就读的时候，这些失败的项目在我们教授的心目中还记忆

---

① "设计不会影响行为"的荒谬论点非常顽固，人们必须一直准备证据来反驳它。华尔街日报（*The Wall Street Journal*）最近刊登的一篇文章非常令人信服。它描述了密苏里州莱茵兰（Rhineland）老城为避开密苏里河的洪水而被迁移到了一英里（约 1.6 千米）外的一个陡坡上。160 个居民中除了 1 人外，都将家搬到了山上，他们的新家园按照郊区的格局设计了六条没有人行道的弯曲道路。然而该城的邮局、儿童日托中心和小酒馆却依然留在山下。现在，"莱茵兰的居民似乎失去了社区的归属感。从发生洪水以来的 6 年里，该城再也没有举办过八月街区聚会，也很少有人在街上溜达；大多数人现在更喜欢开车铙着小城转，而过去常常在当地小酒馆消磨午后时光的居民们，也不那么经常聚会聊天了。"正像一个居民所说的那样，"我们过去常常走来走去和邻居说话，现在你看不到这种场景了。那时候人们的关系更密切。"[Jeanne Cummings，"随洪水消失而去：密苏里州的莱茵兰保住了小城却失去了社区感"（"Swept Away: How Rhineland, Mo., Saved Itself But Lost a Sense of Community"），A1，A8]

犹新。社会学家 Nathan Glazer 就清楚地表明了对待这一教训的态度："我们必须彻底根除这类想法，妄图去假定社区的实体形态会对社会产生任何的影响"。[2] 就这么一句话，就宣告免除了建筑师对社会的一切责任。我们被鼓励避开社会问题，而只专注于严格意义上的建筑设计和对自己有参考价值的问题，建筑师这个职业逐渐从社会中隐退了。于是，建筑师们便开始追求自我至上的形式，时至今日仍在继续。

非常清楚的是，我们这一代人从现代主义的失败中学到了错误的教训。20 世纪五六十年代社会住宅项目的糟糕表现，与其说它遵循了设计和行为相互独立的原则，倒不如说它恰恰背道而驰：如果人们根据本身有缺陷的，而且未经验证的科学理论来建造城市，他们极有可能会失败。优秀的设计未必造就人们良好的行为举止，但是糟糕的设计却注定会导致人们不好的行为的产生[1]。

真正的经验是新场所的设计应以成功的建成区为范例。我们欢迎新的创造，但是就像医学和法学一样，它们必须建立在先例的牢固基础之上[2]。虽然这种方法不如每周星期一早晨创造一种新的建计师一定的专业知识和自信，而这些正是当今这一行业所缺乏的。

建筑师们在面对既要做创造者又要做评判专家的挑战时，将会发现他们有很多

---

① 虽然贫穷、但还可以继续生活的社区被拆毁了，其中的居民们应征参加了这些几乎从一开始就变糟的实验。还有一些其他因素也对这些项目中发生的犯罪和暴力事件负有责任，那就是贫穷的集中化、管理不善和缺乏警力。尚不清楚的是，如果这些地区按传统方法设计，是否会取得成功。但现在很少有人会怀疑这些项目的设计对它们自身的没落起到了重要的作用。同样地，也很少有人对 Ray Gindroz 按传统方法组织的低收入住宅项目能够奇迹般地减少犯罪的事实感到惊奇。

② 很多建筑学院对先例的有意忽视和不予考虑，不可避免地使建筑师以天纵英才的现代形象脱颖而出。这种形象在 Ayn Rand 的小说《源泉》（The Fountainhead）里首次出现，其鼓舞了年轻的建筑师们把每一个新的设计任务都看作是显示与众不同而不是从善如流的机会，这就导致他们强烈地反对创造实体上和谐的社区。建筑业的时尚新闻进一步助长了年轻的建筑师们这种自命不凡的狂热行为，这类报道以牺牲城市效率为代价来倡导创新，这就导致建筑师们所设计的建筑，更多的是为了登上《建筑》（Architecture）杂志的封面，而不是为了融入周边的社区。

学到的错误教训：失败的现代主义住宅计划教导
建筑师们不要试图解决社会问题。

的机会去对抗蔓延。哪类建筑助长了蔓延，这是人所共知的，就像人们明白哪类建筑能够创造一种令人愉悦的步行尺度的环境一样。人们也更加了解怎样用开发商可以接受的方式把前者变成后者。对于想解决问题的建筑师来说，任务非常明确。

市民的义务

市民们首先应该了解所处的环境对他们的生活质量影响有多大，或者说事实上环境在多大程度上创造了他们的生活。一旦认清这种关系，我们就会明白我们应该怎样去改善周边的环境来满足我们自己的需求。在这样一个日益多样化的国家，我们在社会、智力和精神方面就像宗谱一样复杂多样，而物质世界是我们唯一可以真正共同分享的东西。更重要的是，我们一起在为之奋斗。

的确，人们对周围环境的关注是在多样化的居民中创建社区的潜在力量。市区和郊区的社区都可以成为很多不同背景的居民的家，他们都同样关心家人的健康和安全，以及他们的生活质量。即使改善社区的努力最初失败了，但这种努力创造的关系将使未来的尝试更有可能取得成功。

除了其他方面以外，本书呼吁那些"空想建筑师"成为空想城市规划师。空想的建筑师很少有机会能将他们的学识和精力用在实际工作中。大多数建筑是在没有公众参与的情况下进行的设计，除非你家境富裕，可以在兴建自己的私人住宅时参与意见，否则，你能扮演的唯一角色就是批评家。一个空想建筑师能够给建筑施加的最大影响就是否定这个建筑项目。

相比之下，空想城市规划师每天都有新的机会为创建和改善公共领域做出建设性的贡献。由于人们数十年来的积极行动，现在越来越多的城市开发项目是在公众的积极参与下设计完成的。市民们的常识成了专家们的专业技术知识必不可少的补充。

此外，每一个居民都能发起改善自然环境的行动。从提高普通民众对设计的认识，到劝说当地政府进行总体规划或者采用传统社区开发条例来阻止蔓延，抑或是倡议振兴主街，每一个普通市民都有无数的机会来积极地影响他们周边的环境。很多成功的社区改善项目，都是从某一个关心社区发展的市民家的餐桌旁开始筹划的。

最后，空想城市规划师可以仅仅通过宣传常识来破坏蔓延的霸权地位。本书已经很明确地指出，人们对美国的郊区有太多的错误观点。我们中的大多数人没有深刻思考的习惯，无论是关于我们的环境，还是关于环境的形式将怎样影响我们的生活质量。但是，只要提出这个话题就是一个有价值的开始。的确，这仅仅只是一个开始。如果没有选民们要求变革的大声疾呼，就不会有以上所讨论的任何一个政府改革方案会被启动。

权利意味着责任。既然居民们在制订规划的过程中有了一席之地，那么他们就有责任对好的设计方案提出专业性的意见，同样，他们也有责任要求负责这些项目的主管人员这样去做。鉴于此，我们有必要再次重申经常被居民和政府误解的五个原则。

1. 生长不会停止，也从来没有停止过。人们唯一的希望是将它塑造成更和谐的形式，也就是社区。

2. 以盈利为目的并不是项目开发的问题。美国最好的社区的建设也是要盈利的。

3. 大多数问题是相互关联的。必须以社区为背景，进行综合的考虑，才能使交通、住宅、学校、犯罪以及环境等得到妥善的解决。

4. 规划师和其他专业人员都是专家，但如果让他们自行设计，他们通常会曲解问题。只有融会贯通的通才是可以被信赖并提供合理建议的人。

5. 通才的角色必须由市民来担任，但如果市民成为只关注自己私人利益的专才，那么他们就必须放弃通才的角色。一个对本地发展持反对态度的人（Nimby）只能是一个缺乏正规训练的专才。

这本书试图造就专家一样的通才，我们希望它将能够帮助读者积极地参与到城市开发的设计中。当然，我们承认相关问题非常复杂，而且理智之路也并非总是那么清晰。在这种情况下，也许最好的办法就只是记住下面这个叠句。

不要再把住宅区细分成小块！不要再建购物中心！

不要再建办公园区！

不要再建高速公路！

除了社区，什么都不要！

当然，最终目标一定不要局限在终止蔓延上。为了祖国的兴旺发达，市民们也必须关心社区的建设。然而，摆在我们面前的挑战不是去说服人们支持社区的建设，而是要去证实他们心中已明白的一个事实：传统的社区是最有活力的。当这一事实得到广泛认识的时候，政府官员、设计师以及市民们都会充满信心地开始行动，因为他们相信对社区有益的东西对国家也会有益的。这时，重建工作就可以开始了。

附录 A
传统社区开发备忘录

本书描述的是传统社区开发与郊区蔓延的本质区别。尽管这些区别有的很微妙，有的很复杂，以至于难以进行概括，但以下的备忘录仍力图将本书的论点浓缩成一个简明扼要、易于使用的文件。

本备忘录是根据一种特定的项目类型汇编而成，涉及新城镇、社区或25英亩（约10万平方米）以上的乡村开发项目。其中的很多标准既可用于较小的项目，也可用于城市内城的复兴，但并非适用于所有的项目。例如，从公寓楼到富丽堂皇的宅邸等多种不同住宅类型都包含的复合式住宅开发项目，适合在新郊区进行开发，但未必适合在高层建筑环绕的商业中心区进行建设。本备忘录需要作较大的改动才能适用于城市内城的建设。

本备忘录能以不同的方式服务于不同的使用群体。开发商可以利用它来审查他们现行的方案，以确定他们能否实现业已证明的传统社区开发所达到的市场溢价。它还能够使规划官员们确定已提交的方案是否能够提供与传统社区开发相关联的社会福利，从而决定是否给予这些项目诸如自动核准程序或提高密度上限等奖励措施。当然，真正希望施行本备忘录所列的政策的自治市，应该采取进一步的措施，制定本书第十一章所提到的传统社区开发条例。

例外总是有的，不过以下所列的大多数规则适用于大多数传统社区开发项目。所有这些原则对开发项目的质量都具有重要的影响，尤其是带"★"号的那些原则，更是至关重要，不容置疑。

区域体系

—综合性区域规划主张保留开放空间和鼓励公共交通，那么传统社区开发项目的选址是否符合综合性区域规划的要求？ ★

—传统社区开发项目是否尽可能多地与邻近社区和干道相连接？ ★

—高速公路接近传统社区开发项目的方式是从社区边缘通过还是采用慢速（最高时速 25 英里，约 40.25 千米）几何形道路的方式穿过传统社区？ ★

—在区域交通规划中，许多要求增加高速公路和支路的决定，是否因为对于交通现象的深刻理解而进行了调整？ ★

—规划是否将大的用地分成多个社区，而每个社区从边缘到中心的距离大约 1/4 英里（约 0.4 千米），步行大约 5 分钟？（中心可以因地制宜地位于海滩、干道或火车站附近。）★

自然环境

—湿地、湖泊、河流以及其他重要的自然场所是否被保留和利用？ ★

—是否至少有部分重要的自然场所被公共空间和干道所环绕，而不是因为其位于居民家的后院旁而被私有化？ ★

—当场地位于绿化保护区的绿地或公园中时，场地的开发是否最大限度地保护了高品质的树木和大片的树林？ ★

—规划方案是否因地制宜地利用场地地形，从而最大限度地减少因建设有活力的街道网络所必需的土方施工？ ★

—位置重要的小山丘是否因公共场地和（或）市民建筑的建设而闻名遐迩，山顶和主要的山脊是否都明确地规定不允许私营机构进行开发？

—许多大面积的开放空间是否和连续的自然廊道相连接？这样的自然廊道既应该
位于相邻的社区之间，也应该以细长的绿色走廊的形式穿越社区。★

土地利用

—社区是否能够在住宅、工作场所（家和办公室）、购物、休闲以及其他基础设
施的混合建设方面取得相对的平衡？ ★

—商业设施和住宅的密度是否应从边缘向社区中心递增？ ★

—零售业是否位于社区中心？（所有规模不小于 500 个居民或工作岗位的社区，
都应该有街角便利商店，如果有必要的话应该给予补助。）★

—办公空间是否位于社区中心，更理想的情况是混合功能的建筑是否位于社区中
心？ ★

—社区中心是否有可避雨的、舒适的场所供人们等候公共交通？ ★

—地块的分区规划是否既考虑了土地的使用功能又考虑了周边建筑的适配性？

—大多数被允许的建筑改造是否位于街区的中部而不是街道的中间位置，以保证
街道两侧街景的连贯性？

公共建筑和公共空间

—社区中心是否有诸如广场或绿地等的市民空间？ ★

—社区中（特别是在社区中心）是否预留了至少一块位置显著、突显尊荣的场地
以供未来建设市民建筑？ ★

—小学、儿童日托中心和休闲设施是否距离大多数住宅不超过一英里（约 1.61 千米），而且规模合理，步行很容易到达？ ★

—小游园是否均匀地分布于社区中，而且基本上距离每户居民都不超过 1/8 英里（约 201.25 米）？ ★

—社区的公共用地是否被用于公众认可的开放空间，如公园、绿地或广场？ ★

干道网络

—街道是否被规划为一种能清晰体现社区结构的交通网络？ ★

—在自然条件不需要时，是否出现死胡同？ ★

—通常情况下，街区的长度是否小于 600 英尺（约 183 米），且周长小于 2000 英尺（约 609 米）？ ★

—社区中的街道是否与建筑的正面和公共场地相临，而不是仅仅作为疏导交通的连接道路？ ★

—大多数的街景是否是以一个公共场地、一处自然景观、一段转弯的街道或者一栋精心选址的建筑来收尾的？

—大多数弯曲的街道的主要走向是否基本上保持相同（坡度较陡的车道另行规定）？

街道设计

—是否能建立一个多等级的街道系统，包括以下大多数的街道类型： ★

主街，路面宽约 34 英尺（约 10.37 米），两边均设置有标识的停车位；

林荫大道（可选），中间有 10~20 英尺（约 3.06 ~ 6.12 米）宽的树木的分隔带将其分成两条单行道，每条道大约 18 英尺宽（约 5.49 米），一边设置有标识的停车位；

直通街道，路面宽约 27 英尺（约 8.24 米），一边设置有标识的停车位；

标准街道，路面宽约 24 英尺（约 7.32 米），允许在道路两侧交错地停车，但没有停车标识；

地方街道，中等密度，路面宽约 26 英尺（约 7.93 米），两侧均可停车，没有停车标识；

地方街道，低密度，路面宽约 20 英尺（约 6.12 米），单侧可停车，没有停车标识；

商业后巷，路面宽约 24 英尺（约 7.32 米），路权宽度为 24 英尺（约 7.32 米）；

住宅后巷，路面宽约 12 英尺（约 3.66 米），路权宽度为 24 英尺（约 7.32 米）。

—街道的线形是否基于设计时速来考虑，在社区中时速不超过 30 千米／小时，在地方街道时速不超过 20 千米／小时？★

—车行道非常规的线形，诸如岔道、三角路和交叉的十字路等是否被提供来平顺交通？

—道路交叉口的最大路缘半径是否为 15 英尺（约 4.58 米），乡村地区的为 25 英尺（约 7.63 米），而地方道路交叉口的最大路缘半径为 10 英尺（约 3.06 米）？（在应急设备需要转弯的地方，路缘半径可以变得更大一些，以适应应急设备的尺度。）★

—在绝大多数密度达到每英亩有五十几个居住单元的市区中，是否避免建设单行道和单向不少于两个车道的道路？（如果四车道的道路无法在低密度区域中避免，那么这样的道路必须是在社区周边绕行，而不能直接穿越社区。）★

公共街景

—除了小巷以外的所有街道是否都至少在一侧设有 4～5 英尺（约 1.22～1.53 米）宽的人行道，在零售商业街的两侧都设有 12～20 英尺（约 3.66～6.12 米）宽的人行道？（交通量很小或车速很慢的区域可以例外）★

—每一条非商业街道是否都在路基和人行道间留出了一个 5～10 英尺（约 1.53～3.06 米）宽的绿化带，用以种植本土遮阴树木，其树距大约为 30 英尺（约 9.18 米），树高不小于 10 英尺（约 3.06 米）？ ★

—每一条零售商业街上是否都种植有本土遮阴树木，其树距平均为 30 英尺（约 9.18 米）（树高不小于 10 英尺，约 3.06 米），这些树木被种植在和人行道相平的树池里，通常都会沿着商店的墙排成一条直线（这些树可能会和街上的拱廊或商店的雨篷相冲突）？

—街道是否是简单地由沥青车道和混凝土人行道组成？（人行道整体都用砖砌是不必要的，但是商业街的人行道应该在树 池周边有 4～6 英尺（约 1.22～1.83 米）宽的砖砌带，以保护树木的根部。）

—所有的街灯、邮筒、垃圾箱和其他妨碍步行的设施（除了主要的休息坐凳，都应背向建筑正面）是否都放置在绿化带中？

—所有的变压器、抽水站、各种民用仪表、供暖通风和空调设备以及其他有碍观瞻的设备是否都没有放置在街道的正面，而是在后巷？

—街灯是否高度较低，功率较小，并且通常是朝向社区中心（灯距大约 30 英尺，约 9.18 米），很少朝外（十字路口除外）？

—对于毗邻自然的社区，是否越靠近社区边缘，街景就越乡村化，路缘逐渐被开放的沟渠所取代，树木的栽种也变得不那么整齐划一？

私人街景

—所有的零售商业建筑是否都直接面对人行道，没有后退？ ★

—所有商店的大门是否都直接开向公共街道（不包括购物中心和室内商业街），只有后门是供员工出入的？

—是否商店的招牌不超过 24 英寸高（如果是竖向的招牌则不超过 24 英寸宽，约 61 厘米），很薄的招牌不超过 12 英寸高（如果是竖向的招牌则不超过 12 英寸宽，约 30 厘米），半透明的招牌和雨篷式的招牌是被禁止的？

—居住建筑是否设置于距街道相对较近的位置，从而使独立住宅可退后约 1/4 个地块宽度？（这样可以缩减朝向邻里社区中心的后退距离）

—所有主要入口是否构成一幅积极的景象，而不会在相邻建筑间出现空虚地带？

—建筑正面的后退部分是否允许设置半公共空间，例如凸窗、阳台、踏步、门廊、雨篷以及拱廊等？（商业建筑的雨篷可以占用公共的人行道空间，拱廊可以占用整条人行道空间中的 2 英尺，约 0.6 米的宽度。二者都可在人行道上设置支撑物。）★

—凸窗和阳台的进深是否在 6 英寸 ~ 3 英尺（约 0.2 ~ 0.9 米）范围内？踏步进深是否在 3 ~ 6 英尺（约 0.9 ~ 1.8 米）范围内？雨篷进深是否在 6 ~ 10 英尺（约 1.8 ~ 3 米）范围内？拱廊进深是否在 10 ~ 20 英尺（约 3 ~ 6 米）范围内？

—建筑物是否拥有较平易的正立面和简单的屋顶造型，而将枝枝节节的复杂之物放到背后？

—除禁止修建 3 层以上建筑的农村地区以外，是否所有小型住宅以外的建筑都不低于 2 层高？

一是否每栋位于街角地块的住宅正门都朝向较宽的道路？例外的情况是联排住宅的尽端单元，因为它往往必须顺势拐弯；还有背朝高速公路的住宅？

停车

一是否大多数居住小区规模都不超过 60 英尺（约 18.3 米）宽，（包括公寓楼用地）通过后巷进入停车场地，而建筑前的道路禁止车行？ ★

一朝向道路的车库立面是否比建筑立面退后至少 20 英尺（约 6.1 米），或扭转方向，避免车库大门直接面向毗邻的街道？

一是否所有停车场地都设置于建筑或街道围墙之后，临街只可见其出入口？ ★

一是否所有地面停车场都种植本土遮阴树木，且拥有率至少为每 10 辆车享有 1 棵树？

一从远处的停车场到主街购物区之间的联系，是否是令人愉悦的、沿线遍布商店橱窗的步行通道？

一是否减少了配套的就地停车场地，转而利用路边停车的可能性、邻近的公共停车场、庞大的公交系统以及空间的共享等方式，从而充分满足停车的需求？ ★

一主要停车场是否有策略地设置于端头位置，从而激发步行系统的活力？（停车场通常不应直接连接它所服务的建筑，而应将人放置在人行道上。）

住宅

一相邻的住宅类型是否具有多样性？理想情况下，在以下列出的 8 种类型中，至少要有 5 种达到 5% 以上。★

一底层为商业空间，上部为公寓。

一多户家庭使用的公寓建筑。

一2~3户使用的住宅。

一联排住宅。

一生活／工作住宅（底层工作办公或前店后宅的联排住宅或独立住宅）。

一小地块上的小型住宅（宽30~40英尺，约9.1~12.2米）。

一标准地块上的独立住宅（宽40~70英尺，约12.2~21.3米）。

大地块上的独立住宅（宽70英尺，约21.3米以上）。

一商业建筑是否有额外的一个（或多个）楼层用于住宅或办公？

一是否每块住宅用地内都能获准在后巷中容纳一个小的附属居住单元，例如在车
库上修建的房间？

一享受补贴的住宅在外形上是否同商品住宅无明显区别，并且二者以1:10的比例
为人们提供？★

隐私性

一毗邻后巷的住宅，是否在其后部地盘设置5~7英尺（约1.5~2.1米）高的篱笆、
围墙或灌木以保护隐私？★

一联排住宅，是否在地盘相接的一侧设置5~7英尺（约1.5~2.1米）高的篱笆、
围墙或灌木以保护隐私？★

一距离人行道不足10英尺（约3米）的一层公寓，是否将地面提升至少2英尺（约
0.6米），以保证其窗台高于外部行人的视线。★

一窗户分隔条的设计是否在适于居住（保护隐私）的同时而不适于开设小店？

建筑句法

—对生态负责的设计是否以区域性的建筑句法作为基础之一?

—开窗比例、屋顶斜度、建筑材料以及色彩,是否控制在一个和谐的范围内,并且是以区域的特点来决定?

—零售商店正面开窗比例是否大于 65%,而其他建筑正面开窗比例是否低于 35%?

—每个建筑正面的墙体材料、纹理、色彩(包括装饰)是否都不超过两种?(如果使用了两种材料,视觉感受较厚重的应位于较轻薄的之下。)

附录 B
新都市主义协会

对回归传统城市主义的提倡，似乎意味着对政治等级划分的反对。虽然学者们将邻里社区模式视为保守事物，但住宅开发商们却认为它很激进。从 *The American Enterprise* 到 *The Utne Reader*，许多杂志都在对新邻里社区运动进行积极的报道。当然，成为新闻话题与真正带来变革是截然不同的两回事，特别是在当今媒体泛滥的文化背景下。

在对于变革的尝试中，一个令人鼓舞的进展就是新都市主义协会（CNU）的成立，这是一个专门致力于倡导以邻里社区模式取代蔓延模式的国际组织。它成立于 1944 年，效仿国际现代建筑大会（CIAM）的模式，其首次会议召开于 1928 年，从那时起，这个国际组织举行了一系列的国际会议，无论是好是坏，都对世界城市的形成产生了深远的影响[①]。新都市主义由建筑师、城市设计师、规划师、工程师、新闻记者、律师、公职人员以及关心公共事业的市民联合组成，所有这些人多年来都在为同一个目标而各自独立地工作着。像国际现代建筑大会一样，协会最初计划在完成其宪章之后解散，该宪章于 1996 年在有 300 名与会者参加的第四次大会上签署，出席者中包括住房与城市发展部部长 Henry Cisneros。不过该

---

① 公平地讲，国际现代建筑大会（CIAM）对于城市形成产生的正面和负面影响，比其他任何一个组织都大。虽然其出版的文献并不热衷于提倡邻里社区的概念，但是他们的绘图及其成员早期的建筑设计，却对邻里社区的概念产生了长期而巨大的影响。只要提到位于纽约合作市的十字架形的高楼大厦，或是弗吉尼亚州泰森角的汽车城市，人们就会不禁想起 Le Corbusier 设计的独立矗立在只有高速公路连接的空旷地带的建筑景观。

协会最终并未解散，而且每年举办一次，这不仅是由于人们对该宪章的持续关注，也是因为他们感到还有很多工作需要完成。第七次大会在 Milwaukee 召开，与会者超过千人。

新都市主义协会的原则非常直截了当：为了创建社区，建成环境在用途与人员方面必须多样化。其规模必须适宜步行，同时又能支持公共运输和汽车。它必须有明确限定的公共领域，而支持该领域的建筑也必须反映该地区的建筑风格和生态特征。这些原则在下面的新都市主义宪章中将进一步阐述。

新都市主义还可以有很多其他叫法，但该协会选择了这一叫法，是由于其政治中立性，以及准确传达出对城市形态的热情。那些无条件地热爱城市的建筑师和学者们也喜欢这个名称。但是它对于从开发商、住宅建造商、到记者与市民等很多人来说却有点难以接受。这些人认为都市一词，隐含着贫穷与犯罪的耻辱。这令人感到遗憾和尴尬，但是为了使这一概念迎合购房者的趣味，有些规划师也把它称为"新传统主义"。在进步性和政治正确性方面，这个名称给人们带来更多期待空间——同时它也疏远了一些建筑设计师和学者——然而从另一些方面看，它也能更明确地传达出工作的性质。

"新传统主义"这一名称由 Stanford 研究所提出，它用以描述婴儿潮这一代人的社会思潮，这一代人对文化的主导作用预计将持续到 2030 年。新传统主义最突出的特点是其核心的非意识形态性，这一点将它和传统主义及现代主义区分开来。不同的意识形态很容易识别，因为由其产生的行为有悖常理。传统主义者喜欢生活在旧式的房屋里，而且前廊用的是汽油灯，浴室里是带脚爪的浴盆，环绕四周的是沐浴时会贴到身上的轻薄的浴帘。现代主义者，也就是我们父母这代人，他们生活在没有顶楼也没有地下室的房子里，家里银器的流线造型非常精致，以至于很难用它抓取食物。这是一群为了他们的信念而准备忍受不便的人。

相比之下，新传统主义者却可以幸福地挑选既实用又好看的东西。在 Stanford 研究所提供的摘要中，介绍新传统主义的照片是维多利亚式的白色壁炉台上摆放着一只黑色的 Braun 闹钟。另一个新传统主义产品的鲜明例子是马自达制造的 Miata 轿车，无论外观、音响还是操作方式，它都像英国的小敞篷汽车，但它保持着本田 Civic 轿车的返修率记录。在很多新都市邻里社区中盛行的典型的新传统主义住宅，都拥有殖民时代风格的外观，而里面却是明快流畅的室内空间。

"新传统主义"是描述新都市主义的一个贴切用语，因为新都市主义的意图是提倡最行之有效的方法：对环境敏感、对社会负责、在经济上可持续发展的开发模式。情况常常就是这样：最佳方案似乎总是历史上的模式，也就是传统的邻里社区，它们被再次采纳来服务于现代人的需求。

新都市主义的固有本质可以很好地预示出其未来。新都市主义并非凭空杜撰，而是从既有模式中精选、修改而来的，这一点使它和之前施行的全盘重来的模式有着天壤之别。经过多年的努力与失败，建筑设计师和规划师们终于开始相信前人的经验。进一步的实践经验将毫无疑问地完善新都市主义的规则与技术，这是必然之路。

新都市主义宪章

导言

新都市主义协会将以下几个方面视为一系列相互关联的、有关社区建设的挑战：内城投资的缩减，郊区化扩张的无序蔓延，不断生长的种族隔离和贫富差距，环境的恶化，日益减少的耕地与生态环境问题，以及被逐渐侵蚀的社会建筑遗产。

我们用户在大都市范围内重建现有的城市中心和城镇；赞同重构不断蔓延的

郊区，将其纳入邻里与分区的范畴中；支持对自然环境的保护和对人类建筑遗产的传承。

我们意识到，仅靠物质手段本身，不能解决社会和经济问题；但如果缺乏相应的物质基础，保持经济活力、社会稳定和环境健康也就成为一纸空谈。

我们赞同对政府政策和开发项目进行调整，以支持下述理念：邻里的功能和人口构成应是多样化的；社区设计应该将行人、公共交通视为与私人汽车同等重要；城市与城镇应具有实体的边界，而且其公共空间和社区会所应该通达无碍；都市的建筑及景观设计应彰显当地的历史、气候、生态和建筑经验。

我们由政府、民间团体领导、社会活动家和各界专业人士组成，具有广泛的群众基础。通过让公众参与规划与设计，我们致力于重塑建筑艺术与社区建设的关系。

我们将为重建我们的家园、街块、街道、公园、邻里、街区、城镇、地区和环境而奋斗。

我们主张用下列原则来指导公共政策、开发、实践、城市规划与设计。

区域：大都会、城市和城镇

1. 大都会区域通常由地理边界限定，比如地势、水域、海岸、耕地、地区公园、江河流域等，其通常由多个中心组成，分别是城市、市镇和村庄，它们都有自己可辨认的中心和边界。

2. 大都会区域是当代社会的基础经济单元，政府运作、政策、科学的规划和经济战略必须反映这一新的现实。

3. 大都会区域与农耕天地及自然景观之间保持着必要和脆弱的联系；农场和自然对于大都会的重要性就像花园对于住宅一样。

4. 规划的模式不能模糊不清，也不应消除城市的边界；在改造边缘和废弃区域的同时，在现有地区中进行填充式开发可以保护环境资源、经济投资和社会结构；大都会区域应制定各种发展战略以鼓励填充式的开发，而不是外向型的扩展。

5. 恰当的做法是，都市郊区应该以邻里和地区的形式进行开发，并且与现有的都市模式整合。不相邻的建设项目应该以城镇和村庄的形式进行开发，并具有它们自己明确的边界，而且还应考虑工作与住宅的平衡，而不仅仅是作为郊外卧室。

6. 城镇和城市的发展和重建应该尊重历史的形式、典例和边界。

7. 城市和城镇应该更广泛地符合公众和私人的利益，以支持使各个收入阶层人士受惠的区域经济。平价住宅应该分布在城区的各个区域以便于就业和避免穷人的集中。

8. 区域的规划应该由一个可选性的交通框架来支持。当人们减少对汽车的依赖时，在区域各处都应该最大限度地建立公共汽车、步行和自行车系统。

9. 为避免由税收引起的恶性竞争和促进交通、娱乐、公共服务、住房和社区机构的协调，税收和资源应该在区域范围内，在自治市镇和城市中心之间更合理地共享。

邻里、街区与廊道

1. 邻里、街区与廊道是大都市发展与再发展的基本要素，它们构成了可认知的区域，鼓励人们负责它们的维护与发展。

2. 邻里应当是紧凑、适宜步行和混合使用的。一般而言，街区强调某一特定用途，并应当尽可能遵循邻里设计原则。廊道连接邻里和街区，从林荫道、铁路线到河流、林园大道，都属于廊道的范畴。

3. 很多日常行为都应当发生在步行距离之内，以确保那些不会开车的人，尤其是老人和青少年，能具有生活独立性。相互连接的道路网络设计应当利于步行，并应当力求减少汽车出行次数及行程，从而节省能源。

4. 在邻里街区内，多种类型的住宅和价格层次有利于不同年龄、种族与收入的人群进行日常交往，从而加强一个真正社区所需的个体及公众的联系。

5. 在适当规划和协调的情况下，交通廊道有助于组织大都市的框架并重新激发城市中心的活力。相反，高速公路廊道不能挪用拨给现有中心区的那部分投资。

6. 适宜的建筑密度和土地使用应在步行可到达公交车车站范围之内，从而使公共交通切实可行地成为可替代私家车的交通工具。

7. 公众性、公务型和商业性活动应集中分布于邻里与街区之间，而不应安排在偏远的单一使用型综合建筑内。学校的规模与选址应当保证儿童可以步行或骑自行车到达。

8. 图解的城市设计规范，对变化做前瞻性指导思想，可以使邻里、街区的经济得到健康和协调的发展。

9. 各种公园，从儿童游戏场、大草坪到野营地、社区花园，应分布于邻里各处。保护区和开放空间应该用来限定和联系不同的邻里与街区。

街块、街道和建筑

1. 城市建筑和景观设计的主要工作是限定出多用途的街道和公共空间。

2. 单体建筑与其所处环境应该紧密结合，这一点比风格更重要。

3. 城区的再生有赖于安全；街道和建筑的设计应加强环境安全设计，但并不是说要牺牲其易接近性和开放性。

4. 现代城市中，项目开发都必须考虑汽车，但同时也应尊重行人的权利和公共空间的形式。

5. 对行人来讲，街道和广场应该是安全、舒适和有趣的地方；如果环境适宜，人们会更多地选择步行，邻居们会很容易相互认识并保护他们的社区。

6. 建筑和景观设计应以当地气候、地形、历史和建筑习惯做法为出发点。

7. 市政建筑和公众聚集场所应位于重要地段，以加强社区的可识别性和民主文化的发展；它们应有杰出的形式，因为它不同于其他构成城市基底的建筑和场所。

8. 建筑应为其居民提供清晰的方位感、天气感和时间感，以自然的方式采暖或冷却都会比以人工方式更为有效地利用资源。

9. 有历史意义的建筑、街区、景观的保护应注意城市的延续和进化。

新都市主义协会会员资格的相关信息，请联系：

The Congress for the New Urbanism

The Hearst Building

5 Third Street, Suite 725

San Francisco, CA 94103

415-945-2255

www. cnu. org

传统邻里社区开发法规（TND）的相关信息，请联系：

Duany Plater-Zyberk & Co.

1023 SW 25th Avenue

Miami, FL 33135

305-644-1023

www. dpz. com

致谢

很多人为本书的创作做出了贡献，他们不但给予鼓励而且还提供协助。本书从伟大的规划师 Ebenezer Howard，Raymond Unwin，Camillo Sitte，Hermann Josef Stubben 写于世纪之交（19、20 世纪）的著作，以及这一进步时代的其他优秀的非专业规划师、设计师们所撰写的著作中汲取了精华。这些人明白，社区的实际创建是具有丰富的知识和经验的通才们的强项，而这项工作的完成则要依靠艺术家和学者，而不是一根筋的工程师和技术专家。他们留给后人的是，城市美化运动中耀眼的城市商业中心区以及 20 世纪 10 年代和 20 年代的风格雅致的郊区。他们恰如其分地把城镇规划重新定义为"城市艺术"①。

① 1022 年，Werner Hegemann 和 Elbert Peets 所著的《美国维特鲁威：公民艺术建筑师手册》（*The American Vitruvius: An Architects' s Handbook of Civic Art*）准确地用图片表现了这一时期建筑设计所取得的成就。最近该书再版，依然是一本有价值的设计手册。

　　我们同样感谢这些规划师们所建造的地方，其中许多是在阅读和浏览 Robert A. M. Stern 和 John Massengale 著于 20 世纪 80 年代早期的书和"英美郊区"展览时，才引起我们的注意。我们首次发现这些被遗忘的杰作时的兴奋之情现在已经无法想象了，但在那个时候，我们的确是感受颇多，因为它们当中的许多建筑遭到占 主导地位的现代主义思潮的诽谤，或者干脆被弃置一边。在我们接受高等教育的过程中，Ken Frampton，Robert Venturi 和 Allan Greenberg 也通过他们的演讲以及持续激励我们工作的历史范例来反对常规。我们也深深地感激我们的教授 Vincent Scully 先生，他比任何人都更多地在现代主义建筑的巅峰时期，鼓励我们以崇拜的心情去看待历史。

　　在我们的撰写和实践中，一直受到我们的朋友和同事 Leon Krier 的鼓励。起初，我们觉得他的文字和草图是令人惊讶的丑陋，然而它们却最终构成了我们工作的基础。他用来描述蔓延的那些卡通画非常精彩，即使在 20 年后的今天，依然是关于这个话题最美妙、最有说服力的文献。

　　一些描述城市题材的作家对我们的工作也有重要影响，其中最著名的有 William Whyte，Christopher Alexander，Kevin Lynch，Herbert Gans，当然，还有

Jane Jacobs，她的著作《美国大城市的死与生》（*Death and Life of Great American Cities*）大约于 40 多年前出版，但至今仍是关于建设环境领域的必读书目。当我们需要一些睿智的见解时，依然会参考这本被翻得折了角的书。

在近来这场愈演愈烈的反蔓延的战斗中，一些新闻记者和作家坚持作战，为的是确保这个话题在公众议题中保持醒目的位置。这些人士有：Peter Katz，Philip Langdon 和 James Kunstler，多年来他们一直是我们并肩作战的伙伴。Kunstler 先生那义愤、激昂的长篇演说，永远都能把他的朋友们团结起来共同奋斗①。我们还要感谢和我们共同战斗过的很多理想主义的专业工作者。需要特别提到的是那些参加新都市主义协会的同事们。我们协会的共同发起者有：Peter Calthorpe，Liz Moule，Stef Polyzoides 和 Daniel Solomon，他们对书中很多思想和理念的形成起了重要作用。

---

① 事实上，本书中的很多内容也能在 James Howard Kunstler 的两本著作中找到，即 *The Geography of Nowhere* 和 *Home from Nowhere*。本书提及的一些思想和理念是在获得他许可的前提下出版的；Kunstler 先生承认，他们的原始资料乃是源于我们的演讲和书著。我们感谢他在我们完成本书之前就成功地将这些思想和理念公之于众。

在新都市主义协会成立之前，本书在两个机构的支持下已酝酿了多年。一个是迈阿密大学，该校在构建社区的共同目标的基础上，建立起了真正熟悉建筑实践历史的学院。另一个是 Duany Plater- Zyberk 公司。这里有一批天才的设计师，他们经常在我们工作的幕后对这些原则和技术进行验证，并赋予它们新的活力。本书所展示的 DPZ 邻里社区项目的照片和草图就是很多人共同创作的结晶，对于他们的努力，我们深表感激。

感谢建筑师兼城市设计专家 Peter Brown，感谢他在进行原稿审查工作中投入的巨大热情和智慧。同时也感谢作家、教育家兼批评家 Witold Rybczynski，感谢他对早期文本作出的贴切的批评。反蔓延组织的成员慷慨地提供了许多至关重要的资料和经过核实的事实，这些成员包括 Rick Chellman, Robert Gibbs, Ruben Greenberg, Roy Keinitz, Christopher Kent, Walter Kulash, Christopher Leinberger, David Petersen, Patrick Pinnell, Randall Robinson, Peter Swift 和 Mike Watkins。对本书的完成提供了巨大帮助的还有 DPZ 公司的 Corey Drobnie, Charlotte Sheedy 文学社的 Neeti Madan 以及在 FSG/North Point 出版社工作的技术娴熟且富有耐心的编辑 Ethan Nosowsky。

注释

第三章 蔓延中建造的住宅

1. 摘自 1997 年美国人口普查局的地域流动报告。

2. Edward Blakely, Mary Gail Snyder, *Fortress America*, 24 页。

3. Ibid., 7 页。

4. Peter Calthorpe, *The Next American Metropolis*, 19 页。

第四章 社会的实体建设

1. "Parking Lot Pique", A26 页。

2. Jonathan Franzen, "First City", 91 页。

3. Jonathan Rose, "Violence, Materialism, and Ritual", 145 页。

4. Le Corbusier, *The City of Tomorrow and Its Planning*, 129 页。

5. Jane Jacobs, *The Death and Life of Great American Cities*, 129 页。

第五章 美国交通的混乱

1. Jane Jacobs, *The Death and Life of Great American Cities*, 183 页。

2. Donald D.T. Chen, "If You Build It, They Will Come", 4 页。

3. Ibid., 6 页。

4. Stanley Hart and Alvin Spivak, *The Elephant in the Bedroom*, 122 页。

5. Jane Holtz Kay, *Asphalt Nation*, 129 页。

6. Hart and Spivak, *The Elephant in the Bedroom*, 111 页；James Howard Kunstler, *Home From Nowhere*, 67 页，99 页。

7. Hart and Spivak, *The Elephant in the Bedroom*, 116 页。

第六章 蔓延与房地产开发商

1. 数据来自 *Survey of Surveys*，这是由 Brooke Warrick 的 *American Lives* 所进行的一项综性研究。

2. Christopher Kent, *Market Performance*, 3 页。

3. Charles Tu，Mark Eppli, *Valuing the New Urbansim*, 8 页。

第七章　蔓触受害者

1. Julie V. Iovine，"From Mall Rat to Suburbia's Scourge"，62 ~ 63 页。

2. Stephanie Faul，"How to Crash-Proof Your Teenager"，8 页。

3. Ibid.

4. Donna Gaines, *Teenage Wasteland*，85 ~ 86 页。

5. William Hamilton, "How Suburban Design Is Failing American Teenagers", B1 页。

6. Jane Holtz Kay，"Stuck in Gear"，D1 页。

7. Philip Langdon, *A Better Place to Live*，11 页。

8. Brett Hulsey, *Sprawl Coste Us All*，8 页。

第八章　城市与区域

1. Jane Holtz Kay, *Asphalt Nation*, 64 页。

2. Benton MacKaye, *The New Exploration*, 179 页。

3. Todd S.Purdum，"Suburban Sprawl Takes Its Place on the Political Landscape"，A1 页。

第九章　内城

1. "For Pedestrians, NYC Is Now Even More Forbidding", A11 页。

第十章　和何建设一座城镇

1. Keat Foong，"Williams Goes Urban to Differentiate Post"，42 页。

2. 数据来自 Christopher A. Kent, 律师，国际不动产顾问协会会员（C.R.E.), 房地产人及顾问。

第十一章　我们该做些什么

1. Kevin Sack, "Governor Proposes Remedy for Atlanta Sprawl"，A14 页。

2. Edmund P. Fowler, *Building Cities That Work*, 72 页。

参考书目

Alexander, Christopher. *A Pattern Language*. Cambridge: MIT Press, 1977.

American Association of State Highway and Transportation Officials. *A Policy on Geometric Design of Highways and Streets (the "Green Book")*. Washington, D.C.:AASHTO,1990.

Arnold, Henry. Trees in Urban Design. New York: Van Nostrand Reinhold, 1993.

Aschauer, David. "Transportation, Spending, and Economic Growth." Report by the American Public Transit Association, September 1991.

Benefield, F. Kaid; Matthew D. Raimi; and Donald D.T. Chen. *Once There Were Greenfield: How Urban Sprawl Is Undermining America's Environment, Economy, and Social Fabric.* New York: National Resources Defense Council, 1999.

Beyond Sprawl: New Patterns of Growth to Fit the New California. Report by the Bank of America, the Resources Agency of California, the Greenbelt Alliance, and the Low Income Housing Fund, 1995.

Blakely, Edward, and Mary Gail Snyder. *Fortress: America: Gated Communities in the United States.* Washington, D.C.: Brookings Institute Press, 1997.

Boddy, Trevor. "Underground and Overhead: Building the Analogous City." Variations on a Theme Park. Michael Sorkin, ed. New York: Noonday Press, 1992:123-53.

Byrne, John A. *The Whiz Kids: Ten Founding Fathers of Americans Business and the Legacy They Left Us.* New York: Doubleday, [n.d.]

Calthorpe, Peter. *The Next American Metropolis: Ecology, Community, and the American Dream.* New York: Princeton Architectural Press, 1993.

Carroll, James. "All the Rage in Massachusetts." *The Boston Globe*, July 22, 1997: A14-A15.

Chellman, Chester E.(Rick). *City of Portsmouth, New Hampshire: Traffic/Trip Generation Study.* Report by White Mountain Survey Company, December 1991.

—.*Traditional Neighborhood Development Street Design Guidelines: A Recommended Practice of the Institute of Transportation Engineers.* Washington, D.C.: Institute of Transportation Engineers, 1999.

Chen, Donald D.T. "If You Build It, They Will Come...Why We Can't Build Ourselves Out of Congestion." *Surface Transportation Policy Project Progress* Ⅱ .2(March 1998): 1, 4.

Chira, Susan. "Is Smaller Better?" Educators Now Say Yes for High School."*The New York Times*, July 14,1993: A1, B8.

Collins, George, and Christiane Crasemann Collins. *Camillo Sitte: The Birth of Modern City Planning.* New York: Rizzoli, 1986.

Congress for the New Urbanism. *The Charter of the New Urbanism*. New York: McGraw Hill, 1999.

Crawford, Margaret. "The World in a Shopping Mall." *Variations on a Theme Park*. Michael Sorkin, ed. New York: Noonday Press, 1992:3-30.

Cummings, Jeanne. "Swept Away: How Rhineland, Mo., Saved Itself But Lost a Sense of Community."

The Wall Street Journal, July 15,1999: A1,A8.

Davis, Mike. *City of Quartz; Excavating the Future in Los Angeles*. New York: Vintage, 1990.

Dean, Andrea Oppenheimer. "At AIA, Gore Pledges Support for More 'Livable' Communities." *Architectural Record*, February 19, 1999:49.

Dillon, David. "Big Mess on the Prairie." *Dallas Morning News*, October 2, 1994:1C-2C.

Dittmar, Hank. "Congressional Findings in Tea-21." *Surface Transportation Policy Project Progress* □: 4 (June 1998): 10.

——."Tea-21: More than a Free Refill." Surface Transportation Policy Project Process □: 4 (June 1998): 1,3.

Downs, Anthony. *New Visions for Metropolitan America. Washington*, D.C.: The Brookings Institute, 1995.

Duany, Andres, and Elizabeth Plater-Zyberk. "*The Second Coming of the American Small Town*." The Wilson Quarterly □□: l(Winter 1992): 19-50.

Duany Plater-Zyberk & Company. The Lexicon of the New Urbanism. Miami: Self-published, 1997.

Easterling, Keller. *American Town Plans: A Comparative Time Line*. New York: Princeton Architectural Press, 1993.

Faul, Stephanie. "How to Crash-Proof Your Teenager." *Car and Travel* (American Automobile Association) (February 1996): 8-9.

Fishman, Robert. *Bourgeois Utopias: The Rise and Fall of Suburbia*. New York: Basic Books, 1987.

Foong, Keat. "Williams Goes Urban to Differentiate Post." *Multi-Housing New* (November 1998): 1,42-43.

"For Pedestrians, NYC Is Now Even More Forbidding." *The Boston Globe*, December 30, 1997: A11.

Fowler, Edmund P. *Building Cities That Work*. Montreal: McGill-Queens University Press, 1992.

Franzen, Jonathan. "First City." *The New Yorker*, February 19,1996:85-92.Gaines, Donna. *Teenage Wasteland: Suburbia's Dead-End Kids*. Chicago: University of Chicago Press, 1998.

Garland, Michelle, and Christopher Bender. "How Bad Transportation Decisions Affect the Quality of People's Lives." *Surface Transportation Policy Project Progress* □:2 (May 1999): 4-7.

Garreau, Joel. *Edge City: Life on the New Frontier*. New York: Anchor, 1991.

Gerstenzang, James. "Cars Make Suburbs Riskier than Cities, Study Says." *Los Angeles Times*, April 15,1996:A1, A20.

Gladwell, Malcolm. "Blowup." *The New Yorker*, January 22,1996:32-36.

Goodman, Percival, and Paul Goodman. *Communitas: Ways of Livelihood and Means of Life*. New York: Columbia University Press, 1960.

Gratz, Roberta Brandes, with Norman Mintz. *Cities Back from the Edge: New Life for Downtown*. New York: John Wiley and Sons, 1998.

Hall, Peter. Cities of Tomorrow. London: Basil Blackwell, 1988.

Hamilton, William. "How Suburban Design Is Failing American Teen-Agers."*The New York Times*, May 6,1999:B1,B11.

Hart, Stanley, and Alvin Spivak. *The Elephant in the Bedroom: Automobile Dependence and Denial; Impacts on the Economy and Environment*. Pasadena, Calif.: New Paradigm Books, 1993.

Harvard Graduate School of Design News (Winter/Spring, 1993).

Harvard University Graduate School of Design. Studio Works 3. Cambridge, Mass.: Harvard University, 1995.

Hegemann, Werner, and Elbert Peets. *The American Vitruvius: An Architect's Handbook of Civic Art*. New York: Princeton Architectural Press, 1990.

Howard, Ebenezer. *To-morrow: A peaceful Path to Real Reform*. London: Swan Sonnenschein, 1898.

Howard, Philip K. *The Death of Common Sense: How Law Is Suffocating America*. New York: Random House, 1994.

Hulsey, Brett. *Sprawl Costs Us All: How Uncontrolled Sprawl Increases Your Property Taxes and Threatens Your Quality of Life*. Report by the Sierra Club Midwest Office, 1996.

Institute of Transportation Engineers, Transportation Planning Council Committee 5P-8. *Traditional Neighborhood Development Street Design Guidelines*. Washington, D.C.: Institute of Transportation Engineers, 1997.

Lovine, Julie V."From Mall Rat to Suburbia's Scourge." *The New York Times Magazine*, October 2, 1994: 19, 62-63.

Jackson, Kenneth. *Crabgrass Frontier: The Suburbanization of the United States*. New York: Oxford University Press, 1985.

Jacobs, Allan B. *Great Streets*. Cambridge, Mass.: MIT Press, 1993.

Jacobs, Jane. *The Death and Life of Great American Cities*. New York: Random House, 1961.

Johnson, Dirk."Population Decline in Rural America." *The New York Times*, September 11, 1990: A20.

Joint Center for Environmental and Urban Problems-Florida Atlantic/FloridaInternational Universities. *Florida's Mobility Primer*. Draft report, November 1992.

Jouzatis, Carol. "39 Million People Work, Live Outside City Centers." USA Today, November 4,1997:1A-2A.

——."You Can't Get There from Here." *USA Today*, November 4, 1997: 2A.

Katz, Peter. *The New Urbanism*. New York: McGraw Hill, 1993.

Kay, Jane Holtz. *Asphalt Nation: How the Automobile Took Over America, and How We Can Take It Back*. New York: Crown, 1997.

——."Stuck in Gear." *The Boston Globe*, October 6, 1996: Dl.

Kelbaugh, Douglas. *Toward Neighborhood and Regional Design*. Seattle: University of Washington Press, 1997.

Kilborn, Peter T. "No Work for a Bicycle Thief: Children Pedal Around Less."*The New York Times*, June 7, 1999: Al, A21.

Kimbrell, Andrew. "Steering Toward Ecological Disaster." *The Green Lifestyle Handbook*, Jeremy Rifkin, ed. New York: Owl/Henry Holt, 1990.

Krieger, Alexander, ed. *Andres Duany and Elizabeth Plater Zyberk:Towns and Town Making Principles*. New York: Rizzoli, 1991.

Krier, Leon: *Choice or Fate*. Windsor: Papadakis, 1998.

——*House, Palaces, Cities*. London: AD Editions, 1984.

Kruse, Jill. uRemove It and They Will Disappear: Why Building New Roads Isn't Always the Answer." *Surface Transportation Policy Project Progress* []:2 (March 1998): 5,7.

Kulash, Walter. "The Third Motor Age." *Places* (Winter, 1996): 42-49.

Kunstler, James Howard. *The Geography of Nowhere: The Rise and Decline of America's Manmade Landscape*. New York: Simon and Schuster, 1993.

——.*Home from Nowhere: Remaking Our Everyday World for the Twenty-first Century*. New York:Simon and Schuster, 1996.

Lancaster, Osbert.*Here, of All Places: The Pocket Lamp of Architecture*. London: John Murray, 1959.

Langdon, Philip. *A Better Place to Live*. Amherst: University of Massachusetts Press, 1994.

Lasch, Christopher. *The Revolt of the Elites and the Betrayal of Democracy*. New York: W. W. Norton, 1995.

Le Corbusier. *The City of Tomorrow and Its Planning*. London: John Rodher, 1929.——.*The Radiant City*. London: Faber and Faber, 1967.

"Living with the Car," The Economist, June 22, 1966:4-18.

Lynch, Kevin. *The Image of the City*. Cambridge, Mass.: MIT Press, 1960.

MacKaye, Benton. *The New Exploration: A Philosophy of Regional Planning*.New York:Harcourt, Brace, 1928.

MacKenzie, James, Roger Dower;and Donald Chen. *The Going Rate: What It Really Costs to Drive*. Report by the World Resources Institute, 1992.

McKibben, Bill. *The End of Nature*. New York: Doubleday, 1989.

Mohney, David, and Keller Easterling. *Seaside: Making a Town in America*.New York:Princeton Architectural Press, 1992.

Morrish, William R., and Catherine R. Brown.*Planning to Stay:Learning to See the Physical Features of Your Neighborhood*. Minneapolis: Milkweed Editions, 1994.

"Most Americans Are Overweight." *The New York Times*, October 16, 1996: C9.

Mumford, Lewis. *The City in History*. New York: Harcourt, Brace, Jovanovich, 1961.

——."Regions-to Live In." Survey 54 (1925): 152—53.

Newman, Oscar. *Defensible Space: Crime Prevention Through Urban Design*.New York:Collier Books, 1972.

Newman, Peter, and Jeff Kenworthy. *Winning Back the Cities*. Sydney: Photo Press, 1996.

Norquist, John. *The Wealth of Cities: Revitalizing the Centers of American Life*.New York: Perseus Books, 1999.

Nyhan, David. "For the Planet's Sake, Hike the Gas Tax." *The Boston Globe*, November 28, 1997: A27.

Oldenburg, Ray. *The Great Good Place: Cafés, Coffee Shops, Bookstores, Bars, Salons, and Other Hangouts at the Heart of a Community*. New York: Marlowe & Co., 1999.

Orfield, Myron. *Metropolitics: A Regional Agenda for Community and Stability*. Washington, D.C.: The Brookings Institute, 1997.

Palmer, Thomas. "Pacifying Road Warriors." *The Boston Globe*, July 25, 1997: Al, B5.

"Parking Lot Pique." *The Boston Globe*, May 16, 1997: A26.

Petersen, David. "Smart Growth for Center Cities." *ULI on the Future:Smart Growth-Economy, Community, Environment*. Washington, D.C.: Urban Land Institute, 1998: 46-56.

Phillips, Michael. "Welfare's Urban Poor Need a Lift-to Suburban Jobs." *The Wall Street Journal*, June 12, 1997: Bl.

Pierce, Neal. "The Undefinable Mega-Issue." *The Washington Post Writers Group* (Web broadcast), September 13, 1998.

Popper, F.J. *The Politics of Land Use Reform*. Madison: University of Wisconsin Press, 1981.

Purdum, Todd S. "Suburban Sprawl Takes Its Place on the Political Landscape." *The New York Times*, February 6, 1999: A1, A7.

Regional Growth Management Plan. Report by the Southern California Association of Governments, 1989.

Replogle, Michael. *Transportation Conformity and Demand Management: Vital Strategies for Clean Air Attainment*. Report by the Environmental Defense Fund, April 30, 1993.

Reps, John. *The Making of Urban America*. New York: Princeton Architectural Press, 1965.

Rising, Nelson. Speech at the second Congress for the New Urbanism, Los Angeles, May 21, 1994.

Road Kill: How Driving Solo Runs Down the Economy. Report by the Conservation Law Foundation, 1994.

Rogers, Will. The Trust for Public Land membership letter. San Francisco (unpublished), May 1999.

Rose, Jonathan. "Violence, Materialism, and Ritual: Shopping for a Center." *Modulus 23: Towards a Civil Architecture in America* (August 1994): 137-51.

Rusk, David. *Cities Without Suburbs*. Washington, D.C.: Woodrow Wilson Press, 1993.

Rybczynski, Witold. *City Life: Urban Expectations in a New World*. New York: Scribner, 1995.

Sack, Kevin. "Governor Proposes Remedy for Atlanta Sprawl." *The New York Times*, January 26, 1999: A14.

Schumacher, E.F. *Small Is Beautiful: Economics As If People Mattered*. New York: Harper Collins, 1973.

Scully, Vincent. *American Architecture and Urbanism*. New York: Praeger, 1969.

——.*The Natural and the Man-Made*. New York: St. Martin's Press, 1994.

Sennett, Richard. *The Fall of Public Man*. New York: Norton, 1974.

Sert, Jose Luis. *Can Our Cities Survive? An ABC of Urban Problems, Their Analysis, Their Solutions, Based Upon the Proposals Formulated by the International Congress for Modern Architecture*. Cambridge, Mass.: Harvard University Press, 1947.

Sewell, John. *The Shape of the City: Toronto Struggles with Modem Planning*.Toronto: University of Toronto Press, 1993.

Sharp, T. *Town and Countryside: Some Aspects of Urban and Rural Development*.London:Oxford University Press, 1932.

Sierra Club. *The Dark Side of the American Dream*. Report, 1998.

Silvetti, Jorge. "The Symptoms of Malaise." *Progressive Architecture* (March 1992): 108.

Solomon, Daniel. *ReBuilding*. New York:Princeton Architectural Press, 1992.

Staats, Eric. "The Renewal of Stuart." *Naples Daily News*, April 25, 1994: la, 10a.

Stern, Robert A.M., and John Massengale. "The Anglo-American Suburb." *Architectural Design* (October-November 1981) (full double issue).

Stilgoe, John R. Borderland: *Orgins of the American Suburb, 1820-1939*. New Haven: Yale University

Press, 1988.

Steuteville, Robert. *The New Urbanism and Traditional Neighborhood Development: Comprehensive Report and Best Practices Guide*. Ithaca, N.Y.: New Urban Press, 1999.

Surface Transportation Policy Project. "Campaign Connection." *Surface Transportation Policy Project Progress 0.2 (May 1999): 8.*

—.*Tea-21 User's Guide: Making the Most of the New Transportation Bill*.Report, 1998.

Swift, Peter. "Residential Street Typology and Injury Accident Frequency."Report by Swift Associates, 1997.

Tu, Charles, and Mark Eppli. *Valuing the New Urbanism: The Case of Kentlands*. Report by the George Washington University Department of Finance,1997.

Unwin, Raymond. *Town Planning in Practice*. New York: Princeton Architectural Press, 1994.

U.S. Department of the Interior. *The Secretary of the Interior's Standard for Rehabilitation and Guidelines for Rehabilitating Historic Buildings*. Washington, D.C.: U.S. Government Printing Office, 1990.

Vest,Jason; Warren Cohen, and Mike Tharp."Road Rage."*U.S. News&world Report, June 2, 1997:24-30.*

Warrick, Brooke. *Survey of Surveys.* Report by American Lives, 1995.

White, Morton and Lucia. *The Intellectual vs. the City: From Thomas Jefferson to Frank Lloyd Wright*. New York: Mentor, 1962.

Whyte, William. *City: Rediscovering the Center*. New York: Doubleday, 1988.

Winner, Langdon. "Silicon Valley Mystery House." *Variations on a Theme Park*. Michael Sorkin, ed. New York: Noonday Press, 1992: 31-60.

Zuckerman, Wolfgang. *The End of the Road:From World Car Crisis to Sustainable Transportation*. Vermont: Chelsea Green, 1993.

图片出处

　　本书中收录的图片来源广泛，遗憾的是，其中一部分的图片来源未知，这些不确定出处的图片被标记为"unknown"，我们欢迎读者提供正确的图片出处，以便在图书重印中改正。未列出的图片所有权在 Duany Plater-Zyberk 公司，我们向慷慨提供以下图片的人致谢。

Page	Source
4(top)	©Landslides: Alex S. MacLean
6(top)	©Landslides: Alex S. MacLean
7(bottom)	©Robert Cameron
12	City of Virginia Beach, Va.
15	©Robert Cameron
18(top)	City of Coral Gables, Fla.
18(bottom)	Unknown
25(bottom)	Rick Chellman
29(top)	©Craig Studio
29(bottom)	©Steve Dunwell
30(bottom)	Unknown
33	©David King Gleason Collection
34	Unknown
36(top)	Raymond Unwin, Town Planning in Practice, 249.
36(bottom)	©The Miami Herald
41 (top)	Unknown
46	©Robert Cameron
48(top)	©Harry Connolly
52	City of Charleston, S.C.
55(both)	Urban Design Associates, Inc.
61	©The Miami Herald
68	City of Portland, Oreg.

Page	Source
72(top)	Virginia Department of Transportation
77	Unknown
81 (bottom)	Richard McLaughlin
91	©Tom Toles, Universal Press Syndicate
100(bottom)	Unknown
103	Felix Pereira
106(bottom)	©Landslides: Alex S. MacLean
112	©Jacuzzi, Inc.
119	©The New York Times
120	©AAA Car and Travel, Jan.-Feb., 1996, 9.
121(bottom)	©Landslides: Alex S. MacLean
136(top)	©Landslides: Alex S. MacLean
150(bottom)	Unknown
159(top)	William Whyte, City, 204.
159(bottom)	Unkown
188(top)	Marshall Erdman and Associates, Inc.
188(bottom)	©Rob Steuteville, New Urban News
189	©Steve Hinds Photography
192	©Steven Brooke Studios
193	©Landslides: Alex S. MacLean
200(bottom)	Law Development Group
201(middle)	Town of Markham, Ontario
212	Unknown
213	Harvard University Graduate School of Design, Studio Works 3, 13.
239	Unknown

索引

A/B grid, 161-62
adjacency, accessibility versus, 24-25
advertising, retail, 166
aesthetics: and siting of houses, 47;of sprawl,
13-14
affordable housing, 43; architecturally
compatible, 49; design and location of,
52-55; federal policy on, 236; inner-city,
173; public process and, 226; in regional
planning, 147; state funding of, 232; types
of, 50-52
age value, 106
agricultural land, preservation of, 144
air pollution, 89n, 95n, 140, 149, 231, 234-35n
Alexandria (Virginia), 15-17; Torpedo Factory,
169
Alfandre, Joe, 113
alleys, 81-82, 103; construction costs for, 107,
108
amenities, 155-56
American Association of State Highway
Transportation Officials (AASHTO),. Civil
Defence Committee of, 65
American Automobile Association, 56
Ames (Iowa), 103, 104, 194
anchor tenants, 166
Angelides, Phil, 113
Annapolis (Maryland), 49 , 50, 53
Ann Arbor (Michigan), 108
apartments: above stores, 50-51, 206, 207; in
mixed-use development, 189; outbuilding,
51-52; in traditional neighborhoods, 46
Appalachian Trail, 228
architects, 212-14, role in fighting sprawl of,
237-40
architectural codes, 177-78
architecture, 76-77; homebuilders and, 109; in
new towns and villages, 209-12; pedestrian-
friendly, 205; use of traditional detailing,
207
artist's cooperatives, 169
assisted-care facilities, 123

Atlanta, 22, 89, 139, 236; Perimeter Center
section of, 5n; regional transportation
authority in, 149, 231; Riverside, 189
automobiles: accidents, 67, 68; commuting
by, 89-90, 124-27; dependency on, 14n, 25,
40, 107, 116-18, 122-23, 199; design based
on needs of, 13, 14; downtown viability
undermined by, 138, 153, 158-60; federal
subsidies for, 218, 234; financial impact of
ownership of, 56-57, 126-127; increase in
use of, 91-92; infrastructure required by, 7,
8(see also roadways); pedestrians versus, 64-
74; public realm and, 41; regional planning
and, 187; school construction and, 6;
sociopathic behavior associated with, 60-62;
subsidization of, 93-97; teenagers and, 119-
20; urban poor and lack of, 131,132; see also
traffic

Baltimore: Camden Yards, 225; Roland Park,
82
Barnes, Roy, 231
Bedford (New Hampshire), 222n
Bel Geddes, Norman, 86-87
Belmont (Virginia), 110, 188
Bender, Christopher, 62
Berlin (Germany), 186n
Bethesda (Maryland), 29
Beverly Hills (California), 195
bicycle-friendly street design, 70
big-box retail, 6, 27, 28n, 164
Blake, William, 10
Blakely, Edward, 45
Boca Raton (Florida), 28
Boddy, Trevor, 60n, 159n
Bogosian, Eric, 118-19
Bohrer, Ed, 185-86n
Boston, 106; Back Bay, 81; Beacon Hill, 78;
Emerald Necklace, 198
boulevards, 72
Box, Paul, 70

图书在版编目（CIP）数据

郊区国家 ：蔓延的兴起与美国梦的衰落 ／（美）杜安尼，（美）兹伯格，（美）斯佩克著 ；苏薇，左进译 . -- 南京 ：江苏凤凰科学技术出版社，2016.5
ISBN 978-7-5537-6264-7

Ⅰ . ①郊… Ⅱ . ①杜… ②兹… ③斯… ④苏… ⑤左… Ⅲ . ①城市规划－研究－美国 Ⅳ . ① TU984.712

中国版本图书馆 CIP 数据核字 (2016) 第 069726 号

郊区国家
——蔓延的兴起与美国梦的衰落

著　　者	〔美〕安德鲁·杜安尼　　〔美〕伊丽莎白·普雷特－兹伯格　　〔美〕杰夫·斯佩克
译　　者	苏薇 左进
项 目 策 划	凤凰空间／陈 景
责 任 编 辑	刘屹立
特 约 编 辑	王 梓

出 版 发 行	凤凰出版传媒股份有限公司
	江苏凤凰科学技术出版社
出版社地址	南京市湖南路 1 号 A 楼，邮编：210009
出版社网址	http://www.pspress.cn
总 经 销	天津凤凰空间文化传媒有限公司
总经销网址	http://www.ifengspace.cn
经　　销	全国新华书店
印　　刷	北京市十月印刷有限公司

开　　本	710 mm×1 000 mm　1/16
印　　张	17.5
字　　数	224 000
版　　次	2016 年 5 月第 1 版
印　　次	2024 年 1 月第 2 次印刷

标 准 书 号	ISBN 978-7-5537-6264-7
定　　价	48.00 元

图书如有印装质量问题，可随时向销售部调换（电话：022-87893668）。